U0241628

闲趣坊

21

王敦煌 著

庭院里的春华秋实

吃主儿二编

珉中

生活·讀書·新知 三联书店

图书在版编目（CIP）数据

吃主儿二编：庭院里的春华秋实／王敦煌著．—北京：
生活·读书·新知三联书店，2014.11　（2017.3 重印）
（闲趣坊）
ISBN 978 − 7 − 108 − 05022 − 9

Ⅰ．①吃⋯　Ⅱ．①王⋯　Ⅲ．①饮食 − 文化 − 北京市
Ⅳ．① TS971

中国版本图书馆 CIP 数据核字（2014）第 094294 号

特约编辑　李劲风
责任编辑　卫　纯
装帧设计　康　健
责任印制　肖洁茹
出版发行　生活·讀書·新知 三联书店
　　　　　（北京市东城区美术馆东街 22 号　100010）
网　　址　www.sdxjpc.com
经　　销　新华书店
印　　刷　北京隆昌伟业印刷有限公司
版　　次　2014 年 11 月北京第 1 版
　　　　　2017 年 3 月北京第 3 次印刷
开　　本　850 毫米 × 1168 毫米　1/32　印张 9.25
字　　数　182 千字
印　　数　13,001 − 18,000 册
定　　价　33.00 元
（印装查询：01064002715；邮购查询：01084010542）

目录

1　引子

第一分

3　〇一　荼蘼

5　〇二　喇叭花

9　〇三　癞瓜

11　〇四　苦瓜

13　〇五　丝瓜

20　〇六　扁豆

25　〇七　芸豆

27　〇八　猪耳朵扁豆

第二分

35　〇九　苋菜

37　一〇　马齿苋

39　一一　榆钱儿

41 一二 榆皮面

44 一三 香椿

54 一四 椒蕊

57 一五 鲜核桃仁

60 一六 苣荬

62 一七 葱姜蒜

66 一八 焖葱倒是款什么菜

第三分

77 一九 春笋

79 二〇 秋葵

83 二一 根大菜

87 二二 扫帚菜

89 二三 蓖麻

92 二四 老玉米和玉米笋

94 二五 蕹菜

96 二六 芝麻

98 二七 小麦

100 二八 白薯

第四分

105 二九 核桃酪

110 三〇 黏玉米

114 三一 土豆

2

吃主儿二编

117　三二　蚕豆

119　三三　花生

122　三四　洋葱

126　三五　菜本味

129　三六　鬼子姜

132　三七　山药

135　三八　香瓜

138　三九　西瓜和菊花

141　四〇　黄花蒿

第五分

145　四一　喷壶花

147　四二　二月兰

150　四三　芦笋

152　四四　蛇莓

154　四五　枸杞

158　四六　木耳菜

162　四七　菜豌豆

165　四八　豌豆

171　四九　蛇豆

173　五〇　西番莲

第六分

179　五一　松树

181　五二　松树盆景

184　五三　兰花

188　五四　灵芝

193　五五　栀子和六月雪

195　五六　太平花

198　五七　海棠

201　五八　丁香

205　五九　紫藤

209　六〇　荷花

212　六一　向日葵

215　六二　水仙

218　六三　迎春和腊梅

221　六四　木芙蓉

223　六五　紫薇和紫葳

225　六六　金银花

第七分

229　六七　石榴树

232　六八　橘子树

235　六九　无花果和夹竹桃

237　七〇　玉兰

240　七一　薄荷

243　七二　百合

246　七三　桑树

248　七四　紫花地丁

吃主儿二编

250　七五　蒲公英和车前

252　七六　马莲和萱草

255　七七　茉莉和玉簪

258　七八　野茉莉和指甲草

第八分

263　七九　枣树

266　八〇　黑枣树

268　八一　桃胶

270　八二　杏儿·杏干儿·柿饼儿

273　八三　葡萄

277　八四　紫葡萄

279　八五　沙枣

281　八六　豆骨蔫儿

283　后记

引 子

　　说起来是个景儿，五六十年代的北京，住在平房里不闷得慌。

　　刚入 5 月，从城外挑着担子，走街串巷卖花儿的，就在胡同里吆喝上了。吆喝声是那么的传神，那么的打远儿，那么的好听，他们似乎把春天的气息也带到城里来了。

　　卖的花儿没几样儿，但瞧着新鲜。那顶着花骨朵儿的蝴蝶花、串儿红、韭菜莲，和不开花的天门冬、麦门冬，每棵的根底下都带着一坨子土。栽这东西省事，找个花盆，或者在院子里挖个坑，把花儿坐到里头，再浇点儿水，它准活。

　　花儿卖过去没多少日子，走街串巷的又来了。这回挑的还是担子，担子上没花儿，改卖小油鸡了，还有小鸭子，三四毛钱一只，谁爱买谁买去吧。这东西说实在的，不那么好活。当然了，也有买这么大点儿，养到能下蛋了的，但那得会养，到了孩子手里，八成十天半个月，它就寿终正寝了。

引子

卖这个卖过去之后,卖菜的就来了。确切地说,卖的还不是菜,而是菜秧子。样儿还真不少,秦椒、朝天椒、茄子、西红柿、黄瓜、老倭瓜,根底下都有土坨子,不用说,不定是从哪个育秧的菜畦里起出来的,买来把它栽到地上,没有不活的。

栽可是栽,要想让它长得好,还不能随便在地上挖个坑,就算齐活了。先得在院子里清出一块地方来,规置成菜畦,行距、株距都留合适了,按这个尺寸挖坑。挖深点儿,挖大点儿,把挖出的土、找个筛子筛筛,回填在坑里一部分。若是有合适的底肥,往坑里撒点儿,再回填一部分土。把秧子栽上,浇点儿水,至多两三天,它就缓上来了。

马掌、麻渣、鸡屎、鸽子粪,都是庭院里常能见到的肥料。头两样是买来的花肥,后两样是养鸡、养鸽子留下来的。有了肥可不能撒开了用,用的得适量,还得沤得了才能使,不然反而倒画蛇添足了。没那点儿肥,长得不那么壮,搁上那点儿肥,倒把它鼓捣死了,那又何必。

东西长起来就不用太管它了,该浇水浇水,也就黄瓜费点儿事,得搭上架子才得长。倭瓜简单,也不必非种在菜畦里,在屋子旁边栽上,等茎蔓长长了,把它往房上引,坐瓜也在房上坐去,那就省了大事了。

黄瓜就别在那儿凑热闹了,它要真是上了房,也长不好不是。再说了,真结了瓜还得上房摘去,那叫什么事儿,其实黄瓜架相当好搭,竹竿儿也行,木头条也行,拿个三五根儿,往地下一支,上头一捆,统共一米来高,能戳得住,就算是好活儿。黄瓜能有多沉重，就让它长去吧。

相比之下，西红柿麻烦点儿，麻烦也是自个儿找的，谁家没有上学的孩子呀。小学有常识课，把栽培西红柿的园艺要求，介绍得仔仔细细。什么掐尖了，打叉了，疏果了等等吧，学以致用，现趸现卖，也都在那儿招呼去。

这么着，没过多少日子，就有能摘下来吃的了。还真去摘吗？看是什么了。黄瓜有摘的，那顶花儿带刺儿的嫩瓜，市场上没卖的，它不够个儿不是。庭院里的，爱什么时候摘什么时候摘，来的就是这口儿鲜。

除此之外，就不摘什么了，摘下来嘛使呀？胡同口外头卖茄子，卖秦椒，卖西红柿，都几分一斤，来个五毛钱的，一个人兴许拿不动。还摘，留着看景儿不就得了。

老倭瓜、朝天椒，更是个看景儿的玩意儿。尤其是那老倭瓜，打买秧子的时候，就是差着样儿买的，结的瓜不是一个品种，有磨盘倭瓜，也有长倭瓜，色儿也不一样，有黄色的，有老绿色的，还有白色的，大小不一，颜色各异。这要都坐了瓜，在房上一摆，再有绿色的茎蔓，卷着边的倭瓜叶在旁边一衬，多好看哪。

朝天椒更不是北京人爱吃的东西，别瞧长得那么漂亮，红红的，像是涂了一层蜡质、油光发亮的小辣椒朝天支棱着，可往嘴里一送辣齁齁，谁吃它呀，真吃还得是京产长辣椒，不是很辣，味儿还正。

一个时代有一个时代的市井风情，在北京，包括在入秋时节,挑着担子、走街串巷卖九花儿[1]的吆喝声,都已经消失在九霄云外了。我生活过的那个庭院,和周围几十条胡同里的院落,都在旧城改造、推土机的轰鸣声中消失了,从此变成拔地而起的高楼组成的小区,就是寻梦也找不到它原来的位置了。只有那难以忘怀的故事,永远留在记忆里了。

---

〔1〕 九花儿,北京土话,菊花的别称。

第一分

○一 荼 蘼

蔷薇在北京很常见，家里不见得有，公园里准有，谁没见过蔷薇呀。可是，见过荼蘼的人就少多了，甚至听都没听说过。

其实见过蔷薇，就如同见过荼蘼。它和蔷薇一样，也是爬蔓儿、带刺儿，开花儿的模样、大小、颜色都差不多。唯一不同的是，蔷薇开花单瓣，荼蘼开花复瓣，可就是因为这一点，荼蘼比蔷薇漂亮。所以，在北京像点样儿的院子里，如果主人喜欢这类花草，栽的不见得是蔷薇，一定会是荼蘼，或者有荼蘼，亦有蔷薇。而且，也会仿照江南的景致，先用竹劈儿搭一道篱笆墙，在两侧花插着、依墙栽种，待整道篱笆上爬满了枝蔓，花开时节，那才是个景儿哪。

北京人有自己的欣赏观，纵然在庭院里，营造这么个景儿，是为了赏心悦目，但总觉得欠点儿什么，单这一种花儿，或者还有蔷薇，单这一类花儿，再怎么开，也达不到他所预期的美的享受，一定会利用这道篱笆，再栽点儿别的。

最常见的就是喇叭花、癞瓜、丝瓜、扁豆,无一不是爬蔓儿的可栽之物。这些东西开花结实形态各异,就有花儿好看的,也有叶儿好看的,还有果实好看的,把它们凑到一块儿,就不是哪儿好看、哪儿得瞧的那点儿事了。映在人们眼帘里的,是由五彩斑斓的花草组成的一道绚丽缤纷的花墙。

○二　喇叭花

北京人的居住，以平房为主。平房有院子，院子有大有小，院子再小，也有屋前屋后，也会有一点点空地，总是可以种点儿花草，美化环境，点缀生活。如果种花儿，最常见的就是喇叭花和癞瓜。

喇叭花是牵牛花的别称。陆游《夜雨》诗"藩篱处处蔓牵牛，薏苡丛深稗穗抽。"头一句说的就是这种花。陆游爱怎么叫单说，北京人未必不知道牵牛是什么，可没这么叫的，都叫它喇叭花。叫喇叭花比叫牵牛好，起码形象，瞧它开那花儿，多像小喇叭呀，叫牵牛，可牵哪门子牛哇。

北京人爱种喇叭花，多大的院子、多小的院子，全不妨碍种这东西。甚至都不用种，用根火筷子，在地上扎上个眼儿，土地如是，砖缝儿也如是，把籽儿捅到眼儿里去，再撒上点儿土，把籽儿盖上，浇点儿水，至多十来天，它就出芽儿了。

刚出芽儿甭管它，按时浇水就行。所谓按时，可不是每天都要浇，两三天，看看干了才浇。若是天天浇，它还兴许活不了哪,水大给泡死了。"按时"还有个意思,那就是浇花的时间,必得是太阳将要落山之时。换言之,北京人给院里的花儿浇水,除去现种现浇的之外,甭管浇什么,都是这时候。当年这是个常识,没人不这么做,现在没什么人这么做了,也没什么人这么说了。

又十几天过去了,喇叭花的茎蔓慢慢长长了,这时候就该往房上引了。找根小木橛子,拴上根小线,把它插在秧子旁边,另一头拴在房檐上,齐了。喇叭花的茎蔓自个儿就往线上爬,几天不见就到了顶了。再过些日子,它一开花,花开满扇墙。

北京人在院里种花种草,为什么单爱种它呀,好种,省事。最主要的,喇叭花不同于其他花儿,开的花样太多了。花朵的大小搁其在末,花儿的颜色就够说一气的。有紫的、红的、白的,其中还分为深紫、浅紫,深红、浅红,白、月光,不仅如此,以深紫为例,有极深的紫色,也有不太深的深紫。浅紫亦分为几种。

单色之外,还有紫中带白的、白中带紫的、白中带红的、白中带粉的。所谓什么色儿带什么色儿,指的是花朵的颜色为花的颜色,带则指的是花心的颜色。举个未必恰当的例子,比如说中国观赏鸽,紫玉环和黑玉环,是指紫色鸽子和黑色鸽子,脖子上各有一圈谓之玉环的白颜色的毛。

喇叭花和观赏鸽还不同,那两种鸽子,紫白也好,黑白也好,就是由两色组成的。而喇叭花不然,紫中带白,紫就不只有一种紫,白也不是一种白,再排列组合算下来,有多少种颜色呀。

这还不算完,那都是常见色,还有一种褐色的,也分深褐色、浅褐色、褐中带白、白中带褐、褐中带紫、紫中带褐等等吧,属于不常见的颜色。虽说不常见,总还是有,而且每年都能看见。奇怪的是,种的时候,并没有开褐色花儿的花籽,不知道为什么种上它,就有了这种色,莫非这东西也存在花粉直感。对果树栽培稍有了解的人都知道,不同品种的果树,雄蕊的花粉,授到同一品种果树的雌蕊中,结的果子口感不同。喇叭花是不是也因为花粉直感,而改变了花开的颜色,就不得而知了。反正花儿开得越多越热闹,管它因为什么而多了几个色儿呢。

说了归齐,同样大小的喇叭花,就说有的有点差异,也差不到哪儿去。再说大小朵不同的。那大朵的,能大个一倍,个头和秋葵开的花儿相仿。虽说颜色没有那么多变化,但粗略算来,也有四五种。至于那小的,就甭说跟大的比了,跟一般的喇叭花比,也只相当于它的五分之一。这东西开花儿没杂色,全红。北京人对它有个称谓,不叫喇叭花了,干脆叫小红花。只是个喇叭花,外加一种小红花,这要凑到一块,有多么漂亮呀,也无怪北京人爱种它。

北京的孩子们爱把喇叭花挑差色的,做成标本。只要找一本不相干的厚书,必须是不相干的,因为做完了标本,这本书就不能再瞧了。采下一朵喇叭花来,倒扣在翻开的书页上,手随着花儿的尾部慢慢移开,使尾部平展折在书页中,随即轻轻合上,再用重物压在书上。几天以后打开书,就会发现花儿的汁水已被书页吸干,成了片状的干花,用带底衬板的玻璃纸封袋封上,就算完成大作了。

　　我离开那个种喇叭花的庭院十几年了,再也没有种过喇叭花。但在拆迁时包封的旧书堆里,还时不时能翻出夹在书里、尚未封袋的喇叭花标本,可见这种干花保存时间之长。当初封装在封袋里的标本,却不知上哪儿去了,至今一个也没找到。

○三　癞　瓜

癞瓜是苦瓜中的一个品种,开黄花儿,花朵不大,特别漂亮。结的果实更漂亮,表面有许多瘤状突起,青的时候并不起眼,可到了成熟时,整个儿瓜体橘黄色,挂在绿叶之中,透着那么喜欣。

以前,它生长在庭院里,在市场上几乎见不着。现在单说,但凡是能吃的东西,且无论是哪儿产的,什么地方的人喜欢吃,在市场上全瞧得见。

近些年常见的凉瓜,那才是供食用苦瓜中的优良品种。此物条状,长圆形,瓜体表面也有瘤状的突起,但不特别突出,不必用手摸,看也能感觉得到。它青绿色的表面,有的地方甚至是平的,像是瓠子,或是西葫芦。其口感爽脆,也有点儿苦,但起码比另一种条状、长圆形的苦瓜的苦味淡多了。这两种都是鲜蔬中的苦瓜品种。

而庭院里的苦瓜,也就是北京人所说的癞瓜,分明是一种观赏苦瓜。首先,瓜形就和那两种菜用的不一样。它两头尖,呈圆卵形。更重要的是,自打坐瓜之后,且无论多嫩,瓜肉内的纤维质都很多,根本不适合食用。

要说这东西没吃头也不尽然,北京的孩子们真有好这口儿的,只不过吃的地方特别,与癞瓜的果肉无关,也不是在嫩的时候,必得等它长老了。

癞瓜在完全成熟之后,顶端就长裂开了,里面的籽儿也露出来了。最初只是裂开一条小缝儿,但并不妨碍窥见里面,又有谁会想到呢,里面竟是猩红色的。又过了两天,那肥厚的瓜瓣儿完全长翻开了,仿佛不像是个成熟的果实,而是一朵充满猩红色蜜汁,肥厚、绽放的花儿,或是一个涂满猩红色唇膏,肥厚、开启的唇。在绽开的瓜瓣儿里面,瓜籽儿显露出来了,在每粒籽儿的外面,包着一层鲜艳的红色肉质籽膜,籽膜潮润、肥嫩、滑腻……它有甜味儿,也有一股子怪味儿,这层膜儿正是孩子们喜好的吃食。

为什么栽种在篱笆墙那儿呀,还不是因为在它生长的全过程中,呈现给人们美的享受。黄色的花儿,绿色的叶儿,开始坐瓜了,绿色的瓜,青白的瓜,半青半黄的瓜,通体橘黄的瓜,微微裂开、展现一抹猩红的瓜,随时变化的景儿,哪个景儿不美。

○四 苦 瓜

在北京的庭院里，当然也有种苦瓜的。它也爬蔓儿，也好种，再者说，种什么不是种哇，管它结出来是圆的，还是长的。

可是种归种，北京人并不喜欢吃它。不单纯因为苦，北京人好吃的有苦味儿的菜多了，什么苦菜、苣荬菜、柳芽儿，哪样儿不苦。最关键的，在北京人的概念中，它是南方蔬菜，非说他吃不惯这个味儿。真用来入菜的不是没有，但是讲究用沸水焯后再做，先得把苦味儿撤下去点儿去，要不然，还真没法儿接受。

怎么做呢，苦瓜洗净，竖直对剖成两片儿，掏籽儿切丝，用沸水一冒，随即煸炒，炒出来还是脆口。冒的工夫不能太长了，真焯老了、焯软了，炒出来好吃不了。

用点儿干辣椒，剁上几刀，炒出来就是辣椒炒苦瓜。用点儿青椒丝儿，炒出来就是青椒炒苦瓜。青椒少用点儿，就用几根丝儿，配上用开水发得了的豆豉，炒出来就是豆豉炒苦瓜。还用这些佐料，再添点儿切成细丝儿的肥瘦儿肉，炒出来就是肉丝炒苦瓜了。像这么着，配点儿这个，配点儿那个，好吃哪口来哪口。

北京人吃苦瓜，也就这么几种吃法。

至于把苦瓜切成段，去头去尾，只取中段儿，掏干净籽儿，把用葱末、姜末、糖、盐、绍酒、水淀粉调好的肉馅，抹在苦瓜段儿里，过油煸后，再用酱油烧，做出成菜叫瓤苦瓜的那种吃法，北京人根本没这么做的。在北京人的眼睛里，就凭这玩意儿，还用这么做，不值当的。

同是一样东西，不同地方的人，看法也不同。尤其是居住在北京的南方人，这东西可别让他们瞧见，自家院里长的也好，在市场上买的也好，必要精心烹制，甭管是那个瓤苦瓜，还是炒着吃，哪怕是凉拌呢，都吃得那么顺口。吃法和北京人也有不同，用水先焯，根本没这一说，要先把它焯出来，他倒急了。按他们的说法，这东西鲜味儿都焯没了，还怎么吃呀。

○五　丝　瓜

一

在北京的庭院里，除了种花种草之外，还种点儿菜，最常种的就是丝瓜和扁豆。这两样也爬蔓儿，省地方，还不用另拉线，就让它和喇叭花、癞瓜一块儿爬去。

种点儿菜，比单纯种花儿好，到了花繁叶茂的时候，巴掌大的碧绿碧绿的丝瓜叶，一朵朵金黄色的丝瓜花，和花色各异的喇叭花，以及一串串紫白相间的扁豆花，相映成趣，那瞧着多地道哇。再者，隔三岔五的摘点儿嫩丝瓜、鲜豆角，尝个鲜，可谓一举两得。

北京市场上有两种丝瓜，一种是长得又细又长的线丝瓜，另一种是瓜体起棱的广东丝瓜。我们家种的是头一样，北京人还是喜欢北京吃儿。这东西长得真叫长，通常能有个五六十厘米。若是结在茎蔓的高处，按北京人讲话，坐瓜在得风的地方，可以长得更长一些。想让它再长长点儿，还有办法，在丝瓜头上，临近花蒂的部分，用根小线，吊上块小石头子儿、小瓦片儿什么的，往下坠着长去。如此揠苗助长，非但没有任何伤害，而且施之有效。菜摊上大堆的丝瓜里，常会看得见瓜条顶端有一道环形凹沟，那都是吊过线的，没有一根不是又直又长。

线丝瓜在开花坐瓜之后，十天以内最嫩。它并不顶着鲜花，花儿早就干了，只是没有完全脱落干净而已。瓜皮发皱，通体深绿色，影影绰绰似乎带着一层白霜。此时的丝瓜，就是最上品，亦是入馔佳肴最合适的原料。

这么嫩的丝瓜，去皮用刀削大可不必。北京人归置它有几种方法，有用竹筷子棱儿刮的，也有用竹片儿刮的，但最好的工具是碎磁片儿。不少人家的厨房里，都保存七八块这样的瓷片儿。哪天不小心瓿了个瓷碗、瓷盘子，挑出几块大小适中的碎瓷片儿，洗干净了收起来，刮皮就用它。这东西还别有它用，用砂锅、砂蛊子炖点儿什么、焖点儿什么，垫上几片在锅底，比山货屋子[1]里头卖的防煳竹算还好用哪。

刮丝瓜皮有讲究，只去外皮，内皮则一点儿不能伤。丝瓜好吃就好吃在这层碧绿脆嫩的内皮上，仿佛是包裹在色白多汁的瓜瓤上的一层包浆。不是每条丝瓜都能把整条的外皮刮下去，只能刮到发皱的嫩皮那一段。而临近瓜蒂的部分，外皮已经舒展开来，皮质偏硬且韧。用瓷片儿，手轻了刮不下来，稍稍用力，

---

〔1〕 山货屋子，北京土话，山货店。

兴许就从着力处刮折了。这地方还得用刀削，皮是削下去了，把内皮也削下去了，只剩下白色的瓜瓤。

通体发皱外皮的丝瓜，只能采摘于庭院，其长度不超过四十厘米。菜农种的丝瓜，是不可能在这么嫩的时候就采摘下来的，怎么着也得长过五十厘米。在市场上，能挑着外皮发皱、占瓜条总长六七成的，就可以称之为上品了。倘若整根丝瓜的外皮都没有发皱的了，就说明已经错过最佳的食用期。若是在市场上，就别买了，若是在庭院里，那就让它接着长吧，长老了、长熟了，留籽儿用，还可以收些丝瓜络。

二

丝瓜入馔，宜热食，不宜生拌。成菜口感以清爽为佳，或炒、或烧、或做汤，怎么做怎么好吃。

在北京餐馆的菜单上，最叫座的时令菜，就是清炒丝瓜。丝瓜去皮改刀，切成滚刀块，鲜姜去皮斩茸，一块儿入锅，旺火热油急炒，加绍酒后颠翻出锅，整个儿一个脆快。

这款菜讲究选料好，极嫩的上品丝瓜，断生只在片刻之间，而依然保持脆嫩。鲜蔬用于清炒，或是清爽脆嫩，或是糯软柔滑，要是达不到这样的效果，干脆还甭做，白费劲，做出来好吃不了。如果不是上品丝瓜，火候掌握不了，断生后出汤，脆嫩可就谈不上了。要想保持脆嫩，必须欠火，炒出来跟生的也差不多，而丝瓜生食的口感并不好，故此不可生拌，生拌不好吃，炒出生的来,也同样好吃不了。

治馔讲究时令,只有在时令中,才会有上品的原料。无论厨家还是吃主儿,有一个共识,那就是原料和烹制工艺的比重,原料占九成,烹制工艺占一成。厨艺固然重要,要是没有合适的料,再会做有什么用。

有些餐馆的菜单上,没有这款清炒丝瓜,而是另有其名,谓之鸡油丝瓜。用鸡油烹饪,是典型的北京吃法,或者说,是早年间北京旗人的吃法。讲究的是素菜荤吃,金黄色的鸡油,衬着碧绿碧绿的丝瓜,那叫漂亮,成菜又有鸡的香味。我们家却从来没有这么做过,用鸡油倒是有了鸡的香味,可丝瓜的香味就体现不出来了。

倘若往高档里做,讲究烹制干贝丝瓜。做的时候麻烦点儿,先把干贝洗净,用点儿上好的绍酒,加葱段、姜片,上笼蒸半小时后,把干贝捞出来,挤出硬筋,再搓成茸后,才能和丝瓜一块入锅炒。

其他的做法更甭说了,配木耳,配上各种干鲜蘑,加点儿枸杞,来点儿芦笋,怎么炒都行。往简单里做,炒鸡蛋也行。不炒也行,用沸水把它烫熟了,晾凉了凉拌。或是配点儿豆腐,配点儿海米、虾米皮做汤。凭着自己的喜好,爱好哪口儿来哪口儿吧。

在诸多食家中,真有一些人对丝瓜情有独钟。只要能买着,且无论是什么品种,圆筒状的肉丝瓜,细长的线丝瓜,还是瓜皮起棱的广东丝瓜,也无论老嫩,刮皮也好,削皮也好,那是百吃不厌。还不爱买太嫩的,嫌它太细,瓜皮发皱,去皮麻烦不说,改刀切片还不出数,买粗点儿的,归置容易,还着吃。

当年的那些食家,总是有个遗憾,因为无论什么样的丝瓜,只能在当令的短短一段时间内才能享用,其他时间,贵贱买不着。现在不同了,随着温室、蔬菜大棚、反季节栽培技术的广泛应用,再加上交通运输的便利,各地生产的丝瓜,源源不断地运往北京。几乎什么时候想起来,都能在市场上轻易买到。

整箱整箱的丝瓜,长短一致,粗细适中,有相当部分的嫩瓜,还顶着金黄色的鲜花。从这一点可以想到,丝瓜从开花坐瓜,到长成这么大条,所用的时间不会太长。没有太细的,更没有皱皮的,舒展开来的瓜皮上,只有稍稍突起的棱线。碧绿色的瓜条,齐刷刷的,那么的挺实,那么的漂亮。每回还不用多买,至多两三条,把外皮片下去,再改刀切片,雪白多汁的瓜瓤,准能装满一大碗,这么好的事儿,要是搁在以前,那真是想都不敢想。

三

深秋霜降之前,丝瓜也该拉秧了。把那些老丝瓜收集起来,放在上房外头的窗户台上透晒。待干透了,用手在整条干丝瓜筒上捏捏攥攥,碎成小块的外皮,全会从瓜筒上脱落下来,把里面的籽儿抖搂出去,留作来年种。剩下的就是丝瓜络,用剪刀剪成段,妥善收起来。用它搓澡再好不过了,又得搓,又能保护皮肤,足够一家人用的,还可以送亲戚、送朋友。

同时,它也是一味中草药,品名就叫丝瓜络,本身就可以入药,生晒即可,不需要更多的加工。

我们学会炮制草药那会儿,还能干点儿别的。丝瓜烧存性为末,调上蒸熟、去核、去皮的枣肉,合成药丸子,据说可以化痰止咳。用丝瓜叶烧存性,研成细末,和上水调了,在风热腮肿时,擦在患处,可以消肿止痛。经过霜的干丝瓜,烧存性为末,可以外用,治风虫牙痛。还有一样麻烦点儿,丝瓜该拉秧时不拉秧,下霜之后,在距丝瓜藤一米的地方剪断。随即举着这根丝瓜藤,把断茬儿的头、放在事先预备好的一个瓦罐子里,让它往里头滴答水,流出来的水谓之天罗水。每棵挨着盘都滴答完了,用个什么东西,把罐子口封上,埋在土里,转过年挖出来,就可以清火饮用了。

炮制的时候,我们寻摸的是合适入药的材料,炮制完了,就该寻摸适合用药的患者了。头一样容易,第二样太难了,且不说找不见合适的患者,即便真有这样的患者,谁又肯用我们炮制的药呢。

四

丝瓜是伴随着我长大的植物之一,从我记事起,家里就种丝瓜。

从最初跟在大人后面,跑跑颠颠儿,到自己下籽儿自己种。把那巴掌大的丝瓜叶儿掐下来,当作遮阳的芭蕉叶儿,还是采下那金黄色、娇嫩无比的丝瓜花儿，喂蝈笼里的蝈蝈儿……棚架上的丝瓜长出来了，看它一天天地长长长大，哪天该摘下来了，入馔可口的菜肴，或者，应该吊上线，坠上个小石子儿，让它再长长点儿，多吃上一口。还是让它长得再大点儿，在秋后多收些丝瓜络。

　　无论什么东西，如果印象太深刻了，就会产生感情，就会时时提起，念念不忘。也无怪我在多篇作文里提到丝瓜，应了那句俗语，有其父必有其子。父亲在干面胡同美国学校上学的时候，每周的英文作文鸽子还少写了，他比起我来，还得再加个更字。鸽子篇篇儿有，后来老师都急了，"叱曰：汝今后如再不改换题目，不论写得好坏一律给'P'（P即Poor）"（王世襄《锦灰堆》）。

　　鸽子和丝瓜是两样东西，一个是动物，一个是植物，虽然都是喜欢，可见我和父亲的志趣有所不同，我还就是对植物感兴趣。小时候也晕了头了，高考志愿怎么报的是医，而不是植物呢。可是报了也白搭，政治审查不合格，报什么也照样考不上。

　　闲篇不多说了，从小伴随着我长大的，还有好些样植物，我对它们每一样，都有着同样的感情。

○六　扁　豆

一

　　在北京,每年到了该种扁豆的时节,人们就开始忙活起来了。忙活从寻籽儿开始,因为扁豆不同于黄豆,也不同于红小豆和绿豆。那几样只要看见,就知道它是什么豆,而扁豆不然,谁知道它长出来什么样呢。

　　北京人在庭院里种豆,要求的不是产量,而是看景儿,当然样儿越多越好,纯粹是当花儿养活着。

　　去年收的籽儿有,可样儿少了点儿,今年再多串几家寻摸寻摸。尤其是院子里有个新上学的孩子,这事儿更好办了,上学校找同学们寻摸籽儿去,范围比起那左邻右舍,可就广太多了。

　　折腾这么几天,真没白费劲,找来的豆子大小不一,什么色儿的都有。最大个儿的比那小个儿的,大了好几倍,中不溜儿个头儿的也不完全相同。色儿就更花哨了，就有全白的，也有全红的，还有花的，花的还不止一种。至于黄色的、浅黄色的、深褐、浅褐、紫褐、紫红色等等吧，应有尽有。

这里头就有个麻烦事了，要这么种，除非院子宽绰。倒不是找不着地下籽儿，因为同样是腰圆形的长豆儿，未必就是爬蔓儿的豆儿，也未必就是扁豆。就比如豇豆，结豆的豆形一样，可长出的秧子，就有爬蔓儿的，也有不爬蔓儿的。

那就不管它了，院子宽绰，不在乎这个。在我们院儿，那片篱笆墙那儿，把寻来的籽儿一样不落，全种上，让它长去吧，爬蔓儿的，跟着爬蔓儿的往上爬，不爬蔓儿的，在篱笆底下支棱着，各不相扰。到时候瞧吧，癞瓜、丝瓜、喇叭花、小红花，各样的豆子，凑到一块儿，也挺热闹的。管它结荚不结荚，能不能打下籽儿来，只要秧子长出来，能看青儿，就是颗粒无收都无所谓，至不济，来年种的时候再寻摸去。

若是院子小，杂七杂八这么一种，怎么长的都有，非但看不出美来，还显得乱乎，那又何必呢。而相当部分的北京人，干什么都讲究规矩，小至在院子里种扁豆这么点事儿，也是如此。他们种扁豆，不用费那个劲了，也不必满处寻摸籽儿去，早就预备好了。一共两份儿，什么色儿的甭管，从豆形上看，有明显的区别，一份儿是腰圆形的长豆儿，另一份儿是扁椭圆形的圆豆儿，头一种结出的豆荚，就是扁豆，后一种结出的豆荚，则是猪耳朵扁豆。

二

扁豆是夏秋佳蔬,可是当年的北京餐馆,却不大用它入菜,也就是在刚下来的时候,配上点儿水发香菇烹制,成菜的品名就叫香菇扁豆。上世纪八几年,宣武门内大街的北京素菜餐厅就有这款菜。在其他餐馆里,扁豆素用之外,也有加肉片炒菜的,但无论怎么炒,也是极普通的大路菜。

那些高档餐馆,一般不会用其入馔,只是在一些宴席中,偶尔用作凉菜,或者用作一些重荤菜肴的垫底和围盘使用,无非是增加成菜的美感,与真正吃鲜儿,根本是两回事了。

在家做菜,扁豆的吃法可就多了去了。有人用它斜切成丝,作为炒饼、炒面的配菜。有人用它焖面条,做出来就是扁豆焖面。或者把它剁成末做馅,包饺子、蒸包子,或者加点儿肥瘦肉炒着吃。可有一样,扁豆怎么吃无关紧要,但是一定要做熟了,因为扁豆中含有豆素和皂素,只有加热时间长,才能把这两种毒素破坏掉。

吃扁豆中毒的事以前就有,近年来也时有发生,多是在集体食堂,引发就餐人员集体中毒。所以,使用炒这种烹饪时间偏短的方式,要先把扁豆在沸水中焯透,但毕竟加热时间偏短,出锅后扁豆偏硬,也不怎么入味儿,并不好吃。

北京人烹制扁豆,有一种极好的方法,表面看与肉片炒扁豆并无两样,实则是在烹饪中有焖的过程。具体做法是,肥瘦猪肉片加姜末,入锅油煸,断生后加酱油,做成肉汁子,再下扁豆煸炒,加盐、加开水焖,焖至将熟,加拍出来的蒜瓣,以及盐、糖、绍酒,盖上锅盖,改用中火焖,汤汁将尽,抄底翻几过,出锅盛盘,成菜就叫肉片焖扁豆。扁豆酥软,咸香入味,口感相当不错,又绝不会发生中毒。

北京素菜餐厅烹制的那款香菇扁豆,不会产生毒素,则是另有原因。一来,入馔的原料是严格挑选出来极嫩的上品。豆荚中的纤维质非常少,择去豆筋之后,掰成寸段,入锅用重油旺火翻煸。二来,厨师们对扁豆的特点了如指掌,知道它吃油,也知道加热时间短有毒,所用的手法,与其说是炒,不如说是连煸带炸。如此烹制,根本没有毒素尚存的可能。

近年来,全国各地大小餐馆云集北京,各式菜品现身于斯,层出不穷。不少家餐馆的菜谱上都有一款干煸扁豆,说开了,就是用扁豆过油,煸炸而成。所用的烹饪原料和烹制方式,实际上和北京素菜餐厅的香菇扁豆同出一辙。

只是北京的食家总认为,干煸扁豆的口感,比不上香菇扁豆。仔细琢磨琢磨,还不能说是心理作用,因为在治馔中,鲜物配鲜物是在讲的,单用扁豆,再过油,口感也比不了添加了其他鲜物的菜肴。

至于香菇扁豆这款菜,现在要是烹制,比以前可方便太多了。当年扁豆只能在时令期供应,而且品种单调。现在市场上的绿龙、蛇豆，都是品质极高的优质扁豆，并且四季有售。再说那个鲜物儿，当年无非也就有香菇、口蘑，现在市场上的鲜蘑菇、干蘑菇有多少种，用哪样儿不行呀。况且烹制相当简单，稍有经验的人都能做得不错。若是选对了料，精心制作，做出来的成菜，绝对在当年的素菜餐厅之上。

○七 芸 豆

　　庭院里种的扁豆,菜市上也叫扁豆。可是,有些老北京人,却管它叫芸豆,甚至认为,芸豆才算得上正经的扁豆哪。

　　在北京小吃中,芸豆的用处可大了。著名的小吃芸豆卷,就是用蒸熟,或者煮熟的芸豆泥,卷上各种不同的馅,再切成小段,制作而成的。所用的芸豆,不止一种,通常是大白芸豆、小白芸豆、红芸豆和略带灰色的麻芸豆。

　　做得最好的,首推北海公园内的仿膳饭庄,即使是在这家名餐馆,卖得也并不贵。七几年、八几年,在北海北门外,售票处旁边的那排房子里,设了一个供货点,卖芸豆卷之外,也卖小窝头和豌豆黄,来一盘没多少钱。

　　自家做芸豆卷的,我没怎么听说过,但是芸豆粥,家家都会做。豆子洗好了,搁水锅里煮,煮熟了齐了,吃咸、吃甜,悉听尊便。

　　北京还有一种小吃,叫芸豆饼儿。把芸豆煮熟了,汤澄出去,用块儿干净的、结实点儿的粗布,包上一把熟芸豆,兜起四角儿,转两下,两手一攥,攥一个饼状,就成了芸豆饼儿了。爱吃咸,撒点儿花椒盐儿,爱吃甜,撒上点儿糖。

这东西是走街串巷小贩卖的吃食,只有在胡同里才能买得着。他卖的小吃不止这一样儿,一定还卖煮烂蚕豆,也就是用干蚕豆水发成芽豆,加盐和花椒煮的。凡是卖这东西的小贩,打扮〔1〕跟一模子刻的似的,都穿着缅裆裤,打着绑腿,剪子口布鞋。上身棉袄不系扣,也缅着,腰里头刹根绳儿,头戴盔子式的毡帽,把帽檐挽上一块儿,里头插着一沓子旧报纸。

来了个主顾,这位从帽檐里抻出张纸来,卷个喇叭筒,尖朝下,用手拢着往里头装豆,交到食客手里举着,再撒上点儿花椒盐,吃这个没有搁糖的。买这东西的主儿,个个都嘴急,没有举到家才吃去的,讲究随捏随往嘴里送。

这两种小吃,以及卖小吃的商贩,绝迹于四五十年前,早已成为历史了。只是当年吃过芸豆饼的主儿,想起这一口,有个办法补救。就去婕妮璐,日坛公园左近的那个洋杂货铺,买一听红腰豆罐头,倒碗里直接吃。好在手边盐了、糖了都有,花椒盐备不住也有,爱撒哪样撒哪样。您再琢磨琢磨它那味儿,和以前的芸豆饼像不像。

---

〔1〕 打扮,北京土话,打读作达。

○八　猪耳朵扁豆

一

北京人在庭院里种扁豆，一定还会再种些猪耳朵扁豆。这种扁豆的豆荚，又平又扁，很像一个肥胖的猪耳朵，所以干脆管它叫猪耳朵扁豆，还有人索性叫它"大扁儿"。

北京人爱种它自有道理。猪耳朵扁豆的豆子，呈扁椭圆形，还不止一个颜色，有白的、茶褐色的，还有黑的。结出的豆荚，也分三色，绿的、红的、紫红色的。开的花儿，或白或紫，也不完全一样。最可喜的，它们是一种豆，都爬蔓儿。那还不好办吗，找了来，找齐了，全种上。到了开花结豆角的时候，瞧着漂亮，既美化环境，吃豆角还方便，这东西高产。

北京人爱种，可未见得自己就吃。猪耳朵扁豆的豆荚，比扁豆的豆荚质老且硬，但毕竟也是一种扁豆，按说和扁豆的吃法没有什么不同。但是人们普遍认为，它有股子青气味儿，不是什么好吃的蔬菜，即使是吃，也得用什么办法，把那股子青气味儿弄下去，方可食用。

常见的吃法，就是炸大扁儿盒。豆荚撕开一边，内填拌好的肉馅，逐个蘸上干淀粉，再裹上鸡蛋面糊，入锅炸成金黄色后食用。要是这么吃，它还算是蔬菜吗？充当的无非也就是饺子皮儿。再者，这么用，究竟能用几个豆荚。正因为这个原因，它在市场上，也是极低廉之物，按斤卖的时候都少，真没人要不是，撮堆儿卖，兴许还会有人问津。

餐馆就更甭说了，扁豆好歹还有馆子用，它没有，干脆说吧，这东西在北京，根本就算不上什么正经蔬菜。可是，往往一些人不喜欢，未见得另一些人也不喜欢，猪耳朵扁豆也是一样，有真不爱吃的，就有特别爱吃的。

那些真好这口儿的人，多是久居北京的老北京人，尤其又以旗人居多。以我们家为例，玉爷、张奶奶就是这样的人。他们用其入馔，有几种吃法，每款做出来都堪称美味佳肴，很值得借鉴。

猪耳朵扁豆比扁豆口硬，炒着吃，食用效果并不好。最普通的家常吃法，用它和猪肉一块炖。选料容易，甭管是什么色的豆荚，掺到一块儿混用，绝无问题，豆荚太嫩的不用，要用就用老着点儿的。还不用鲜的，怎么着也得摘下来风干几天再用，就是晾成干，用温水泡泡回软也成。用一种蔬菜和肉一块炖，菜要是太嫩了，肉还没熟，菜兴许就化了。用的是风干的老豆角，或是经泡发回软的干豆角，就是再老、再干，在锅里也比猪肉好熟，这么做出来，豆角入味儿，吃着还有嚼劲，肉也不是特别腻，一举两得,能不好吃吗。

　　要是做更好吃的菜,不如用酱烧。选点嫩豆荚,掐去两头,撕去筋,加姜末,用重油旺火煸翻,断生后加一两匙甜面酱,煸翻至匀,加水烧沸后,改小火燀,加盐、绍酒,燀至汤汁将尽,随即出锅盛盘,这也是北京的一款家常菜。但是到了南方,尤其是江浙一带,那可就身价倍增了,成菜的品名叫作油燀酱扁豆,尽可登大雅之堂,即使在宴席上,也常用作其中的一道名肴。

　　烹制并不复杂,但要想做得地道,还有必须注意的地方。一是选料,必选嫩豆荚。豆荚的个头儿不见得很小,很小的是豆荚内的豆粒儿,用手摸,用眼睛看,似乎感觉不到它的存在。只有那些肥肥嫩嫩的大豆荚,才是适合入馔的原料。另一方面,三种颜色的豆荚不能混用,单用哪一种都行,凑到一块就不行了。因为它们不但颜色不同,豆荚的薄厚、软硬程度也都不甚相同,火候无法把握。二是用油,扁豆类的蔬菜都喜荤厌素,按厨家行话谓之吃油,油用少了,做出成菜发柴,影响口感。三是加盐时,一定要把甜面酱中的盐分考虑进去,加盐偏多,成菜就咸了。

　　选嫩豆荚有个诀窍,那是由豆荚类蔬菜的共性所决定的。初上市时,豆荚都嫩,这就是所谓的时令。到了盛产期,豆荚内的纤维质逐渐增多了,而到了尾声,纤维质更多了。当年的扁豆是在自然环境里生长的,后秋拉秧以前,即使是刚落花,结出的小豆荚,内中的纤维质也很多,根本不能称之为是嫩的豆荚了。虽然在反季节培育的蔬菜中,这种现象已经很不明显了,但总还会有,不能不加以注意。

猪耳朵扁豆

佳肴讲究口感,入口无渣,并非有些人认为的那样,光有味道就行了。它在江浙一带,之所以成为名肴,固然我们不知道究竟名在何处,但总可以知道,豆荚在食用时,不至于有嚼不烂、咬不碎的感觉。

二

在家里种豆,当豆荚内纤维质多了的时候,还有种吃法,舍去豆荚不用,剥豆入馔。这种扁豆的嫩豆粒儿,呈扁椭圆形,绿色的豆皮包裹着脆嫩的豆仁儿,用其清炒,更是一道美味佳肴。

首先,要采摘适合于吃豆粒儿的,荚内豆粒儿太小的、过老的,都不在采摘范围之内。估摸够用了,现剥现炒。炒的时候不讲究用姜,只用葱白细斩成茸,旺火热油急煸,加盐、糖、绍酒,片刻断生,出锅盛盘。成菜鲜香无比,爽嫩之极,堪称无上妙品。

荚内豆粒儿偏老,清炒不合适了,再入菜不如用酱烧,烧法和油焖酱扁豆并无二样。虽然这么做出来,没有清炒的好吃,可是对豆粒儿的要求标准也低多了,干点儿的豆粒儿,老点儿的豆粒儿,均可使用。烹制过程中又煸,又焖,豆粒儿当然可以做得酥嫩可口。

豆粒儿再长老点儿,炒食也不适合了,那就煮出来,加点儿花椒,加点儿盐,或者不添这两样儿,改加糖,亦是口感甚佳的家常小吃。

到了豆粒儿完全老熟之后,不同颜色的豆荚,剥出来的豆粒儿颜色也不同,有黑褐色的,有茶褐色的,还有白色的,或蒸或煮,做成豆馅,做豆包,做小吃,做点心,怎么吃都行。

每年收获老豆时,除了三种各选出一些留籽儿之外,总还会把豆皮为白色的那种多留出一些来,单留着。因为它是一味中草药,其味性平,有健脾和中、消暑化湿之功效的白扁豆,留着当为不时之需。

时过境迁,现在猪耳朵扁豆的地位,着实提高了不少,谁还撮堆卖,也没人认为它有青气味儿,不能做这个,不能做那个。曾经做过的那几款菜,用豆荚入馔的,都是照做不误,只是用豆粒儿入馔,费点儿劲了。因为当年确实有便利条件,自家种无成本可言。这东西有个毛病,豆荚之中豆粒儿太少,得买多少斤,才够剥出一盘的。再者了,真不怕花钱的主儿,也只能按酱烧做,清炒是没法办了。清炒之所以能达到那样的口感,必是现摘现剥的嫩豆粒儿,倘若自家不能种,上哪儿找去。

可是,又何必非想那一口,真要追求鲜香无比、爽脆之极的清炒鲜蔬,不如改吃清炒甜豆,不但爽脆,还甜哪。当年市场上倘若有卖甜豆的,也就犯上不全家老少齐上阵了,玉爷、张奶奶和我,大太阳底下去摘豆,四脖子汗流的,为凑够炒一盘的,费半天劲,说是不冤不乐,还真是有点儿冤。

第二分

○九 苋 菜

住平房也有麻烦,尤其是院子宽绰点儿,房子再多点儿,再老点儿,就更麻烦。因为每年四五月间,都要查补房屋。所谓查补,就是检查、修补的意思,住平房的北京人,没有不知道这个名词的。

若是新瓦房,或者是平台(不起屋脊的平顶房),不查补也无所谓。越是老瓦房,越得查补,否则,雨季来临的时候,房子备不住就会漏了。那随风而来的草籽儿、树籽儿,落在瓦笼里,生根发芽,又得风、又得晒,又没人碰,几个月就长挺老高。若不管它,由着性长,它倒得意了,房子可就让它的根给毁了。漏是轻的,要是老不管,几年过后想清除,还费了劲了,弄不好房子就得大型修缮了。

落在房顶上的草籽儿、树籽儿,最常见的有这么几种,苋菜、狗尾草、榆树和臭椿。苋菜既是废物,又是庭院中的鲜蔬,变废为宝,何乐而不为。苋菜有种的,亦有野的,其实味道不相上下。菜地里种的,得肥得水,或许更嫩一些。随风而来的,姑且就叫野苋菜吧,按说比种的要老,但就是再老,新发出来的嫩芽儿也相当嫩,比起菜地里屡次掐尖儿,又长出来的苋菜嫩多了。

野苋菜长在房顶上,就别采去了,还得等到查补房时,把它拔去。连瓦笼里都长,地上就没有了,哪能呢,墙根儿底下,是个太阳能晒得着,又窝风的地方,那是一片一片地长。

采的时候方便,甭出院子,搬个小板凳,坐那儿就把这事儿办了。一股子白来的野菜,还等它长二茬儿呀,也就一回就齐了。更没必要挨棵薅,都弄回去,还得择二回。

就讲究掐尖儿,把该要的嫩尖儿掐下来,装在家伙里拿走。没可要了的时候,用个耙子,把它全搂倒了,敛到一块儿,撮土筐里倒了,地上也干净了,还能来口鲜儿。

怎么做呢,透透洗几和,洗干净后,配点儿拍得的蒜,一炒,那叫嫩,真够地道的。这招儿谁想起来的,当然是玉爷、张奶奶。

一〇 马齿苋

如果仔细观察马齿苋，就会发现，它和庭院里的一种草花儿死不了长得很像，都是紫红色肉质的茎，绿色肉质的叶片。唯一不同的是，死不了的叶片长成圆棍儿状，马齿苋的叶片呈椭圆形的扁片儿状。

它们不仅秧子像，开花儿也差不多。虽然马齿苋只开黄色的花儿，不像死不了开的花五颜六色，但是花儿开败了、该打籽了，长的还是挺像。它们结的籽尖儿，都是如同一个缩成极小的、立着放的蛋壳儿，成熟了，这个壳从中间断开，里面有不少小小的黑籽儿。

它们还有个共同之处，那就是生命力极强，不管是其中哪一种，从茎的什么地方断下一截来，只要断茬挨着潮润的湿土，几天后都能从茬口长出根儿来，再过上几天，又成了新的一株了。

也正因为这个特点，那种草花儿叫"死不了"。而马齿苋的名儿里，没有反映出这层意思。马齿苋是它的植物名，北京人不叫它这个，若按北京话的读音，写在纸上还不好表示哪，什么个音儿呢,麻枝菜。从字面上看,谁瞧得懂呀。可是北京话就是这样,有音无字的词儿多了去了,为了瞧着清楚,还是叫它植物名吧。

马齿苋是庭院中常见之物,但长得不是很多。老北京人是真爱吃它,院子里那点儿,真不够吃的,要想让它多,就得收籽儿种。收籽儿也挺麻烦的,但为了这口儿吃,费点儿劲也不算什么。况且是在院子里,是蹲在地上,还是坐个小板凳,找张报纸衬着,采去吧,不大工夫就能采不少,妥善保存,来年种在地上,可就长出一大片来了。

采籽儿是玉爷、张奶奶带着我采的,怎么做还不是他们做哇。这东西最简单的吃法,就是凉拌,洗净后切寸段,沸水焯后,加点儿拍得的蒜泥、倒点儿酱油、倒点儿醋,再来点儿香油、来点儿盐,味儿还真不错,黏黏的,有股子嚼劲。用它做馅儿也行,包饺子差点劲,用它包包子,添上点肉末,或是不添均可,蒸出来别有一番滋味。好吃,它还去病呢,这也是听他们二老说的,这东西能治肚子痛。日后我查了《本草纲目》,上头还真有这段儿。

一一　榆钱儿

榆钱儿是榆树的果实,按北京土话,管它叫"榆浅儿",若是写在纸上,仍然写作"榆钱儿"。榆钱儿算是蔬菜吗,不是,可是它比蔬菜还好吃哪。

每年三四月间,它就挂满枝头了。在北京的庭院里,有棵榆树是很平常的事,食用榆钱儿,也就成了应时按景的风俗了。

榆钱儿讲究吃嫩的,初发出来,它还是嫩绿色,长得不是很大,那一簇簇榆钱儿上,还粘着未曾完全脱落、褐色的花蒂残片,在入馔之前,得先过水反复洗,这是个比较麻烦的事儿,若是去不干净,影响口感。

又过了几天,榆钱儿上粘着的花蒂残片就会全脱落了,榆钱儿的钱片长大了许多,颜色变得发白,当间的籽仁儿也逐渐饱满了。此时采下来,再过水洗方便多了,但榆钱儿已过了最佳食用期了,吃口儿也大不如前了。别瞧它是个不要钱的野物儿,也得讲究时令,在该吃的时候吃。

怎么吃呢,最常见的吃法是和面一块蒸,用的面有讲究,得用"两样面"。两样面是北京人治馔的专有名词，其含义是一半白面和一半棒子面，也就是玉米面，掺和在一起。就比如"两样切条"，那是用白面掺上棒子面，擀出来的面条。这种吃法并非只是在白面短缺之时，不得已而为之，而是北京人多年来实践总结的一种治馔经验。

蒸榆钱儿也是一样，只有用两样面，蒸出来吃着才会地道。做法相当简单，先坐个蒸锅，在锅屉上放上块屉布。弄个面盆，抓上把白面，再抓上把棒子面，掺和在一起。把洗干净的榆钱儿稍稍控水，撒在面盆里，使湿榆钱儿沾上面。等蒸笼大开，把榆钱儿捡在屉布上，十来分钟，就蒸熟了。用筷子夹出来，放在盘子里。吃时蘸点儿酱油，或是蘸点儿花椒油，那真是口口香。

蒸榆钱还有另一种做法，把榆钱儿撒在面盆里，加上点儿盐，再加点儿水，使榆钱儿裹上厚厚的一层面糊，这样蒸出来有咸淡味儿，还经饱、着吃。可是口感就逊于前者了。挺嫩的榆钱儿，用盐一杀，那点儿鲜灵劲儿可就没有了，再裹上层面，还有什么吃头。可是话也别说绝了，在那食不果腹的年代，能用多点儿面蒸着吃，还算是好事哪。

同样用这种蒸法，还可以换作芹菜叶，或者蒿子秆儿叶，蒸出来的口感也相当不错。只是它再好吃，也比不上榆钱儿。榆钱儿是春天的产物，有一股别的鲜蔬所没有的，春风带来的鲜味儿。

一二　榆皮面

即使是现在，提起榆钱儿来，也没有什么人不知道，至于是否都吃过，则另当别论。榆树上另外一种能吃的东西，榆皮面，知道的人可少多了，真正吃过的人，就更少了。

榆皮面，顾名思义，就是榆树皮磨成的面，确切地说，它是用榆树内皮晒干后磨成的面。

提起榆皮面儿，人们最直观的感觉，认为它出自《救荒本草》，是一种大灾之年用于果腹的食物。实际上不是这么回事儿，以前的粮店里还卖过这东西哪，卖的价儿虽比不上白面，但比玉米面贵多了。应名儿它是种野物儿，却是北京的名吃。

这东西怎么吃呢，是用来蒸馒头吗，真要这么做可就麻烦了，根本不能这么吃。而是把它掺在白面里，擀面条儿吃，掺可是掺，不能掺多了，少许即可，倘若按百分比，至多不能超过百分之五。掺上榆皮面的白面，擀出面条来利落，不爱粘连，煮出来吃着筋道、滑溜，是老北京人在讲儿的一种美味。

在我小的时候，50年代，这东西在市场上已经见不着了。

好在家里还有点儿存货，也搭上玉爷、张奶奶和我都好这一口儿，每回做面条的时候，且无论做的是余面、卤面、打卤面，在和面的时候，都讲究掺上点儿。东西本来就不多，每回还都得用，一来二去就用完了，再想吃这口儿，还办不到了。我们家院子里，树是不少，可就是没有榆树，想找点儿榆树皮自己做，也没有这个可能。

没过多长时间，机会来了。那是在 1955 年的秋天，父母在他们所供职的机关，位于海淀十间房的音乐研究所，分了一间宿舍，就把我也转到离他们机关最近的、航空学院附属小学就读。周一至周六都在那儿上学，只有星期日和寒暑假才能进城，和玉爷、张奶奶团聚。

当年海淀学院区八大学院，正在初建中，各单位征的都是生产队的地，要盖房就得把地基范围内清理干净了，堆在地边上新伐的树多了去了。我和学校里同学、机关里的孩子们，在大树堆上，剥下大片大片的榆树皮，内皮白白的，摸上去有一种滑腻感，似乎富含着一种黏液。用口袋带回宿舍，在窗台上，在门前的水泥地上，门外的水泥桌子上，都铺开报纸，再把榆树皮摊在上面，准备晒得干干的，再带回城里去。

这东西干了容易，干透了却不那么容易。第一个星期日，我没跟玉爷、张奶奶说，想着到时候，给他们一个惊喜。终于有一天，我把大口袋干透了的榆内皮交给玉爷、张奶奶，可是，他们二老说的那番话，也太让我扫兴了。按他们的说法，这东西得用碾子反复碾，完了还得过箩才能用哪。我还真不信，这不是蒙人吗,就说剥它不费劲,这通晒,这通翻,每天太阳好的时候拿出去,临到晚上收回来,我们折腾多少天哪,这么一句话就给否了,合着这东西一点儿用没有了。那不成,我就跟它干上了,就是拿擀面杖也得把它擀成面,实在不行用锤子砸。结果可想而知,擀面杖擀不碎,用锤子能砸碎,碎成大块儿,成不了小块儿,更成不了面,就这么着,它又吹了。

事隔多年之后,我下乡那会儿,有位同仁回家探亲,带来一小袋榆皮面。想着重温那口美味,说起来是个笑话,榆皮面倒是有了,往哪儿掺呢,那地方最缺的就是白面。这个梦还是圆不上。

现在就甭说了,白面也好,榆皮面也好,都能买得着。只不过白面更好买,哪儿都买得着。榆皮面费点儿劲,报纸上登过,也不知是哪个民俗村里有售。

可是丑话说在前头,也许有人认为是美味,也许有人认为根本不堪入口,这都没什么新鲜,还是那句名言,众口难调。

一三 香 椿

一

　　北京有香椿的人家儿扯了，不要说原本院里就有的，就是没有，也没关系，从外头移回一棵来不就得了。

　　移香椿，和移有的东西不同，就比如金银花、太平花什么的，移那些东西得压条，虽说压条也不麻烦，但总是得压不是，而移棵香椿，就太简单了。

　　小树单说，它不定是从哪儿移到这儿的，四外里挖大点儿，地下的根子该砍折的砍折，不该砍折的别砍折，容有缓上来的余地。带着土坨子，移入事先挖好的树坑里，再填上土，浇上水，让它缓着去吧。到了第二年，如果能缓上来，就算好活儿。

　　但凡是棵大点儿的树，每年从树根子底下，都能发出枝条往上长，也许在树的附近，也许贴着树干，还有远点儿的，远个两三米、三四米、七八米的都有，就跟枣树往外滋芽儿一个样。刚长出来的时候,可别管它,移了也不活,怎么着也得过个一年二年的,等到长成挺儿了,有细竹竿子那么粗,就可以移了。之所以能移,不是取决于它长得有多高、多顶,而是底下的根长得差不多了。把它起出来,留的那些个根,移到新地方能活,若非如此,只是把它从主根上断下来,也活不成。

这事儿说着麻烦,做起来一点儿也不麻烦。香椿树往外滋芽,横不是打今年才滋的,当然,有今年才开始滋的,可是要移树,干嘛单找这样的移呢,备不住移了它,还不好活哪,要移就移滋出芽多的大树。

移大树还有个好处,应名是求着人家移棵树,实际上他正盼着有人来移哪。他住的是院子,不是香椿树培植基地,有人移走了,还省事儿了,要是没人移,也得自个儿费劲,铲除了扔出去。刚长出来怎么不铲哪,还不是因为香椿能吃。他不是院里有棵大树吗,那还不够吃的吗,谁家院里有棵大树就知道了,固然大树上香椿芽不少,可采着费多大劲哪。

香椿滋出来的小芽,头一年也就是个嫩挺儿,也没妨碍谁走道,先放个一年二年的。谁要就移了走,还有份人情,没人要也没关系,等到把枝头上要的那点儿掰下去,再铲除也不迟。甭管怎么说吧,一般有大树的人家儿,对滋出来的小树,没有手软的,至多也就是这二年,该砍的全砍,也不能为了口儿吃,或者想着什么人情,把院子给毁了。

万事没有绝对,我就见过这么一位,在他家的院子里,有棵大香椿树,随往出滋小树,随往出移,也不往外移,还就栽到院子里。在屋子对着的那片空地上，如列队的士兵似的，全是香椿树，足有二百来棵，活脱是个苗圃。若是真好这口儿，住的地方又宽敞，有这么一出，也没什么新鲜的。可偏偏他根本不吃这个，又是为什么许的呢。只能说是因为友情，这位住史家胡同二十五号，王子野先生的儿子王小明，我父亲的朋友，知道父亲好这一口儿，特意为他种的。

二

　　春天，香椿树萌发嫩芽，采下来就是蔬菜中的椿芽。北京人住在平房里的居多，又好这一口儿，在院子里种香椿的不在少数。在院子里种，为的是吃着方便，可是，却没有在市场上买的得吃。一棵树的椿芽能有多少，还不能都采下来，真若如此，树也活不了，以后就甭吃了。

　　90年代以前，北京市场上的椿芽，还没有从外埠运来的，也没有在大棚里种植的，所有上市的椿芽，都是从郊区的香椿树上采摘的嫩芽，属于野生类蔬菜。

　　野生并不是我杜撰的，《中国烹饪百科全书》中就是这样归属的。上头还说椿芽"因品质不同，可分为青芽和红芽两种。青芽青绿色，质好香味浓。红芽红褐色，质粗，香味差"。北京的椿芽，全株青绿色，只在梢顶略显褐色，当属青芽。每年"五一"过后，市场上就买得着了。

　　想买着上品椿芽，首选是去大菜市场，因为在这种地方，卖的椿芽不扎捆,都散堆在货架上,随便挑选。有了这点儿方便,可就管了大用了,新鲜与否、老嫩程度,一目了然。新鲜的椿芽不掉叶、不干梢,也未曾潲过水。若是潲过水的,多是隔夜宿货,表面看起来,椿芽还挺水灵,抄在手中,并未着力,芽茎上的叶片也会散落下来。未潲过水的隔夜宿货,则更加明显,抄在手中,叶片会尽数从芽茎上散落下来,有的干脆成了秃梢,这就是椿芽的一个特点。

选购椿芽,新鲜是起码的条件。而选购上品,光凭这点不够,还要选肥嫩的。椿芽以株短芽壮为上品,一般来讲,株长应在八厘米以内,超过这个尺寸,就没有什么嫩的了。可是即使符合尺寸,也未见得就是肥嫩的椿芽。

椿芽的肥嫩程度,取决于在椿树上萌发的位置,只有萌发在主枝条上的嫩芽,芽茎的基部才会粗壮。这样的椿芽,如果不采摘,继续生长以后,就会长成一根粗壮的枝条。若是采摘,可以轻易从木质的枝条上掰落下来,芽茎基部的截面,质嫩且粗,最外层还长着数片略成三角形、肥厚的、类似短叶片似的萼片,只有这样的椿芽,才是最肥嫩的。

如果椿芽萌发在旁树小杈的杈顶,它当然不可能肥嫩,其基部的截面也不会粗壮。若是不采摘,继续生长,也无非长成一根细小的枝条。要采摘下来,却不很容易,直接把椿芽掰下来,能把它掰散了。为了保证椿芽完整,要把连同长椿芽的木质小杈,一齐从树上掰下来。这样的椿芽,虽然株短,怎么能说它肥嫩,又怎么能说是上品呢。

在散货中挑选,讲究把那些看着肥嫩,带着萼片,并且尺寸合适的,逐根拿在手中。先看它的基部,以不带木质,粗壮并略向里凹陷,这几方面都是肥嫩椿芽的特征。下一步还要把椿芽调过头来,看它的芽梢,注意查看的是椿芽最中间的主芽,从上到下是否粗细顺畅。如果芽茎下半截粗壮,上半截突然很细,说明它不是头茬椿芽。造成这种情况的原因是芽尖曾被掐下去,或者是在生长中遭受外力,使之芽尖脱落,在断处又长出了芽尖,这种椿芽就不能称之为头茬椿芽了,当然品质也大打折扣了。

在椿芽上市的节令,菜市场门口、大街小巷之中,常会见着提筐卖香椿的,他们通常是把若干椿芽扎捆,每捆卖个三毛五毛的,一般来讲不会拆捆。在这样的情况下,若想挑出上品,相对就困难点儿了。但是难者不会,会者不难,要是懂得什么是上品,这么买也不算什么。

卖主一般会按椿芽的长短分别扎捆,而不会在一捆之中长的长,短的短。至于新鲜程度更是如此,他卖的那一筐椿芽不可能又有当天的新货,又有隔日的宿货,有经验的买主儿用眼睛一扫,就八九不离十了,最初的印象,就决定了是否有驻足的必要。

倘若他卖的椿芽全是不怎么新鲜,或是每捆都是又长又老的,干脆走人,还别瞎耽误工夫,这里头根本没有所能要的上品。只有头一眼先看上了的,才有必要挑选。把那些新鲜的,株长合适的捆儿挑出来,逐捆用两根手指头一夹,先把它掉过个来,看它的底部。梢子先甭看,都捆着哪,看也看不出个所以然。

那看底能看出什么来呢,看这捆椿芽是由几株椿芽捆扎的。在这些卖香椿的里头也有行家,他们通常会把极嫩的上品椿芽捆扎成捆,也许是两株,也许是三株,椿芽又短又肥嫩,首选的就是这样的椿捆儿,它在诸多椿捆中极为醒目,但是售价却和用多株又长又大的老椿芽扎成的椿捆儿相同。如果是外行,从购货心理来说,一定会觉得小捆不值,但是对于会买的主儿来说,那可真是喜出望外,非它莫属了。

　　可是,顺心的事也未必每回都能赶上,有些卖香椿的不这么实诚,扎捆也不这么扎。他扎的捆儿里头,从长短来说,倒是相差无几,可是混杂在捆里头的,有些根本不是椿芽,就是一根挺儿,是从椿树上掐下来的嫩叶。比之稍粗点的也有,但是也没有萼片,这路玩意儿不是一个完整的椿芽,是从长老的椿芽上掐下来的芽尖。

　　倘若每捆都是这么扎的,又想买点儿,可就麻烦点儿了,费一番口舌是必要的。设法和卖香椿的商量,让他拆捆,要是不行,成捆的椿芽中又确实有看得上的上品,就还点儿价。要是给的价儿还算公道,就得多买几捆,打着伤耗,要是卖的还贵,那就干脆甭买了。

三

　　当年在北京买香椿的时候还有个景儿,说起来有个意思。常会看见有人问卖香椿的,这是香椿还是菜椿,他们还掐下点儿来闻闻，或是尝尝。虽然这样的事常能碰见，但是问真了，香椿什么样，菜椿什么样，怎么加以区分，却没有人能说出一个所以然。

其实掐点儿闻闻尝尝，根本就是自己蒙自己，只能图个心理安慰。因为所谓椿芽香不香，要用沸水烫过之后，才能体现出来。生的甭管是闻还是尝，都觉察不出什么来。这种傻事我也干过，也曾掐下来闻过、尝过，但什么结果都没有。后来影影绰绰听什么人说过，北京根本没有菜椿，可是一直闹不清这到底是怎么一回事儿。

那是在九几年吧，随着经济的发展，交通的便利，南方的优质蔬菜空运入京了，椿芽这种鲜蔬，也不必非等到5月才能尝这一口儿了。3月中旬，广西椿芽开始上市，约摸能卖个二十来天，过去之后，市场只有那么几天没椿芽，但是到了4月中旬又来了，这回却是湖南来的货。这两拨货，无一不是整株紫红色，和京产椿芽的颜色有明显的区别，且不说那些会买菜的人，任何人只要不是红绿色盲，都能把它们和京产加以区分。

作为北京人，倘若不知道椿芽有青芽、红芽之分，绝对不会想到，这两批紫红色的椿芽，就是品质不如青芽、质粗、香味差的红芽，亦不能想到，它们竟是所谓的菜椿。

在人们的经历中，道听途说、人云亦云的事常有，其结果无非也就是以讹传讹。具体到买菜这区区小事，糊涂一点儿算不得什么，如果真想能有口福，买菜的知识还是丰富点儿好。

这两批椿芽在初上市的时候，分别有两三天最优质期。椿芽的芽梢略呈鹅黄色,整株长不盈六厘米,这是最优质的椿芽。若是用它与当年京产最上品的椿芽相比,简直不可同日而语。空运而来的品质确实太高了,真是没法比。

若用其入馔,对于食家来说,无疑是一种美的享受,极其鲜嫩,入口无渣,无论是切末凉拌,或是拌豆腐、当面码、炒鸡蛋,怎么做怎么好吃。

当然做之前还要进行必不可少的那道工序,即使是生用,也必须如此,这就是沏。所谓沏,就是把洗净的椿芽,放在一个容器中,倒入沸水,以漫过椿芽为度,把容器盖上焖上一会儿,再把水控出去。沏过的椿芽变成碧绿色,香味也随之散发出来。因这道工序如同沏茶,故名之为沏。

沏要注意把握时间。工夫过长,椿芽就烫得太软了,尤其是极上品,要是那么软,反而没法吃了。工夫太短也不行,也就是没沏透,影响出香,吃着还硬。这其实都是常识,就是以前没弄过,至多一两回也就知道焖多大工夫了。

并非所有的椿芽都适用于沏,能沏的只有嫩椿芽,老点儿的,内中纤维质偏多的椿芽是沏不透的,只能用沸水焯了。而且椿芽越老,焯的时间越得长,才能达到入馔的需要。

椿芽老点儿,入馔那几款菜依然可以,只是没有入口无渣那种感觉了,吃着口硬。若是用它做面码,或是拌着吃,吃着有嚼劲,牙口稍差的人咬着可就费点儿劲了。不如用它做香椿鱼,裹上面糊,过油一炸,吃的时候蘸点儿花椒盐儿,也就吃不出那股子硬劲了。

太嫩的椿芽没有用它炸香椿鱼的,如若那样反而不美,不着吃是一方面,另一方面则是大材小用,好容易淘换来这么点儿优质的椿芽,就这么吃了,谁舍得呀。

每当椿芽临近下市的时候,上哪儿也买不着嫩椿芽了。虽然买的时候尽量挑嫩着点儿的,也只能入馔香椿鱼了。吃的时候还得挑鱼骨头,椿芽的老梗、硬茎真嚼不烂,不得不把它们从嘴里吐出来呀。

再过几天,椿芽老的连香椿鱼都做不了了,有人会把它们买来腌起来。等香椿季过去之后,什么时候再想起来,可以用它做菜用,无非也就是借点儿味,借点儿别的东西取代不了的,那股香椿特有的香味儿。

四

提起腌香椿,老北京人自然会想起六必居。在 90 年代以前,买腌香椿很容易,但是做得最地道的,还得是六必居。那里常年有售,价钱也不很贵,四毛来钱一斤,甭管什么时候去都能买得着。

可是也就在 90 年代的某一年,这种腌货断档了,至今也未恢复,不能不说是一大憾事。

北京本地产的香椿,市场上依然有售。上市时节可就不限于 5 月初了,随着温室、蔬菜大棚技术的广泛推广应用,香椿几乎四季有售了。但是除了 5 月初还有从树上采下来的椿芽之外,其他时候所能见到的,都是温室或者大棚里采摘的。

这样的地方种的香椿,是一米多高的树苗,挺细的棵,隔不远一棵,一排一排的。从这样的树苗上采摘下来的,与其说是椿芽,莫如说是香椿的嫩枝条。每根长十几厘米,分为两种,一种是一根嫩枝,梢上分有枝杈,杈上长着叶片。另一种则是一根叶梗,梗上也长着叶片。无论是哪一种,质嫩的部分,也就是顶端最尖上那一小截嫩尖。

若用这东西入馔可费了大劲了,得买多少掐尖才能凑够吃一回的。可也别说,这东西大冬天也能买得着,因为无论是温室,还是大棚,这些香椿的树苗,都是一茬一茬挨着种,前批树苗所长的嫩枝嫩叶全采下来之后,树也玩完了,再种上一批……细想起来,也真够麻烦的,可总算是在某种程度上弥补了市场上的空白。

可是,会吃的主儿没有噘这个冤的,卖的巨贵,什么都做不了,只能借点味儿,花钱单买它,可是为什么许的呢?

一四　椒　蕊

　　什么叫椒蕊呀，这话分问谁了。若是北京人，尤其是老北京人，那是无人不知，无人不晓，它就是花椒树上长出来的嫩芽儿、嫩叶儿。

　　北京人讲究吃这东西，尤其是春天最早萌发出的嫩芽儿，把它视之为佳蔬。而且在提起它的时候，还会同时提起另一种鲜芽，那就是香椿。

　　在北京院子里有棵香椿树，也太常见了。就是原本没有都没关系，不定上谁家，跟人家商量商量，在春天适当的时候，把人家那棵香椿树旁边滋出的小树棵子，带着土坨儿起出来，移到自己的府上。只要转过年来它能活，就算是齐了。

　　家里有秧儿不愁长，虽然是说孩子的话，树也一样。只要它长起来，忍个三年二年的，先别在树上掐尖儿吃鲜儿，等它长瓷棒了，长出树模样来了，再采再吃。

　　可这不是说香椿树吗，不是花椒树。那是啊，香椿树能这么移，花椒树也能这么移。花椒树若是移过来，比椿芽吃的可长远。香椿只能吃芽儿，头茬儿掰完了掰二茬儿，二茬儿掰完了掰三茬儿，至多也就掰这三茬儿。而且第三茬儿掰不掰还两说了哪，老不老单说，再掰下来，它也没香味儿了不是。别瞧树上时不时地还能长出嫩芽儿来，芽梢上也能有嫩尖儿，可是这东西还能吃吗，要吃就得等来年了。

花椒不同，当然，过了初春再采下来的也老，可甭管什么时候，椒蕊都有一股浓郁的花椒味儿，采下来不为了吃它，用其入馔是借味。怎么吃？吃法太多了。

北京人讲究吃烧羊肉，而烧羊肉面更是在讲儿的美味。在夏天来上这么一碗，那可真是享受。若是把面做好了，不往上浇炸出来的热花椒油，改用洗好切成段的椒蕊，那叫地道，它成了美味中的美味了。

吃的不是烧羊肉面，也能用它，是把它焯得了当面码儿，还是直接撒在汤面碗里，都特别提味。做汤也照样用，是加了水淀粉，勾了芡的木须汤，还是不勾芡的甩果儿汤，干脆一句话吧，凡是适合用花椒油、炸花椒提香的吃儿，都能改用它，食用效果极佳。

这说的还都不是最佳时令期的椒蕊。在初春时节，最早绽吐出的嫩椒蕊，北京人有另一种绝妙的吃法。其实也没什么新鲜的，说开了，和鲜藿香叶儿、鲜薄荷叶儿、玉兰花瓣儿的吃法相同，都是拖以面糊之后过油酥炸。好吃不好吃，您别琢磨，您可能不爱吃，我也不爱吃。可是早年间，皇太后慈禧就好这一口儿，它能名头不大吗。

其实椒蕊最好的吃法，莫过于入馔椒蕊黄花鱼了。按北京旧俗，必得在春天头一次雷响之后，食用黄花鱼，其味最鲜。选用的鱼条儿有讲究，重约一斤的鱼，分量最合适。买几条新鲜的，洗净去鳞去腮去内脏，用净水冲去血水。在鱼的两面分别剞上几刀，用酱油稍腌入味，提出来控控，然后两面蘸上点干面粉，入锅炸至呈金黄色，即可出锅。葱切段，姜切片，椒蕊洗净沥干备用，椒蕊整用不改刀。水发香菇去柄，先片成薄片，改刀切细丝。水发玉兰片去老根，改刀切细丝。清酱肉，可不是现在稻香村、天福号卖的那种软糯的酱肉，也切成细丝。炸得的鱼放在盘子里，把这些切得的丝儿、葱段、姜片、椒蕊，都码在鱼身上，加上点盐、绍酒、胡椒粉，及适量的高汤，上笼蒸约十分钟，就可以请出上桌了。

瞧瞧，若是自家院子里，有棵花椒树，吃着多方便呀。就说它是在院子里长的，到了秋天，不是也得收点花椒吗。虽然是没有旷野上产的多，籽粒儿大，但自家用，一冬天也是吃不完的吃。

可为什么在北京人住的院子里，有花椒树的并不多呢，那是因为它也太霸道了。有这么句话，花椒树底下种老玉米，又麻又瞎。搁在北京，管这种现象叫"欺"，也就是欺侮的意思。这东西讲究唯我独尊，挨着它，什么都长不好。若是院子里来这么一棵，还种点儿别的不种，种什么也是白费劲。

万事皆如此，有一利有一弊。故此，在北京的院子里，不能说见不着花椒树，但毕竟种的人家不多。或是院子极宽绰，舍出一块地儿来，单把它布在那儿，种别的避开这块地方，上别处长去。或是极窄的小院儿，就这么一棵，相视为友，要想来口鲜儿，随时的。

一五　鲜核桃仁

　　在庭院里若是有棵核桃树,比有棵花椒树和香椿树,那可好太多了。花椒树有什么不好,刚才说过了。香椿树也没多大劲,不就是初春那口儿鲜吗。

　　香椿芽也好,椒蕊也好,在应时当令的时候,哪儿没卖的,售价还极廉。再者说,在庭院里种树,还真是为那口儿吃呀,还不是为了美化环境。要从整棵树说,核桃树比那两种树强多了。高大的树冠,舒展的叶片,甭管它立在院子里哪个地方,总有几间房由它去遮蔽骄阳的暴晒。睡午觉的时候,要寻摸这么间屋子,躺在床上,那也太舒坦了。

　　不过这种树爱长虫子,最常见的是毛毛虫和"洋捭子",如果能找点药喷上,把虫子灭了,在树底下还可以纳凉哪。北京有的人家儿,在院子里种棵核桃树,这就是原因之一。此外还有个原因,就是能吃上核桃。

　　真正成熟了的核桃,没什么人爱吃,或者说,犯不上为了这口儿种核桃树。核桃成熟的季节,街上毛来钱一斤,要花几块钱,他能给一口袋,单上院子里费那劲去,也没必要不是。

可鲜核桃就不然了,虽然说也有卖的,价钱也不贵,但总没有现摘现卖的吧。为什么非得现摘现卖的,那是跟老北京的一种饮食习俗有关。人们认为现采现剥、尚未完全灌浆的嫩核桃仁,是无上的美味。什刹海会贤堂卖的冰碗,就是从清宫御膳房传出来的,当年宫里的皇上、太后,好的就是这一口儿。

那冰碗里头,除了鲜桃、鲜杏的果肉、果藕、嫩杏仁之外,就有这样的鲜核桃仁。其他的都甭说,该选什么样儿的选什么样儿,该怎么炮制怎么炮制。唯独鲜核桃仁,其选料和归置,就令人瞠目。首先,核桃剥出的净仁儿必须是整仁儿,至于后来把它破成两半,那是后一步的事儿。若是没剥完内皮,就把它弄成两半了,这个就算是废了。因为此时的净仁儿相当嫩,而且皮也潮湿鲜嫩,内皮的水分会在核桃仁裂开的断面上,把果仁儿染成黄色。这东西还能要,不废等什么哪。

这只是其一,还有一说哪,核桃仁儿下树,到剥出净仁儿入馔,不能超过半日。您听听,这东西造假都没办法,超过这个限定的时间,就是有再大的本事,也是回天乏术了。倒是也能剥出整仁儿来,一来它不怎么脆了,二来它也不那么白了。不要说入口尝,一眼就能瞧出来。

这要不是守着核桃树,哪儿找那合乎标准的核桃来。街上有卖的有什么用,谁知道他是哪天摘的。如果核桃树就在自家院子里,树上又挂满了核桃,费什么劲哪,没留神剥坏了几个都没关系,再采再剥,没人限制。

鲜核桃仁儿除了能入馔冰碗儿,还能入馔多款名肴。常见的有这么几样,一款是在《北京居士菜》里曾经提到的丝瓜炒鲜核桃仁儿。另一款是荤菜,鲜核桃仁熘鸡脯,成菜雪白,嫩上加嫩,能不好吃吗。

还有款凉菜,炝核桃仁儿,也太好做了,把剥得的净核桃仁儿,用点儿花椒油一拌,加点儿盐调味,就可以上桌了。上述做法是家庭做法,馆子里可不这么做,做出来漂亮,和家里做的可差得不是一点儿半点儿。

起码他得加两样佐料,黄瓜和小红萝卜。把这两样儿洗净了,改刀切细丝,再用点儿盐、酱油、绍酒、花椒油那么一拌,才算成品菜呢。问真了为什么加这两样呀,图的就是一个白,黄瓜绿的,小红萝卜皮红心白,再添上核桃仁儿,色儿可就花哨了。是得加酱油和绍酒,要把那股子萝卜味儿压下去不是。往好了说,是为了成菜瞅着养眼,换个说法,还不是为了少搁俩核桃仁儿。这菜您当是卖得便宜哪,甭管盘子里有几个核桃仁儿,有,就指这个要钱。

吃主儿没有嗛这个冤的,黄瓜也甭买,小红萝卜也甭买。守着一棵核桃树,只要有点儿耐心法,还甭说炝上一盘,就是炝上一大盆,那又算得了什么呢。

再者了,家里真有这么棵树,天天来这口儿也摘不完哇。况且再好吃的东西,也不能天天跟它没完不是。到了秋后,还是收的成熟核桃多,它不是也能入馔吗。是做炸核桃仁儿,还是做核桃粘,就是什么都不做,拿它当干果子吃,也够吃回子的。怨不得在北京的庭院里,核桃树特别常见。

一六 苜 蓿

苜蓿在北京不算新鲜物,野地里有,庭院里也有。苜蓿分三种,有开紫花的,开黄花的,还有开白花的。

其中开紫花的,比那两样长的叶子小,也嫩。对于一般人来说,知道不知道无所谓。可是对于采苜蓿来口鲜儿的人来说,必须得知道。

在北京,有相当部分的人喜食这种野蔬,但是按照北京人的说法,苜蓿之中,只有紫花苜蓿能吃。那两样甭说采来吃了,就是不小心误采,混进几个去,吃了也得肚子痛,这要是分得不清楚行吗。

有人说了,这有什么呀,又不是色盲,还看不清楚它开什么色儿花了。可是,这东西开了花,就吃不得了,老了。必得在刚发出嫩芽的时候采,晚几天都不成。采摘的时间,在清明前后,满打满算不过七八天。那时候还没开花呢,花蕾都瞅不见,就得从出的嫩尖儿上分辨。分辨不准确,真有麻烦不是。

也难怪人们好吃这口儿,这东西口感有点像豌豆苗,鲜香浓郁。吃法也多，简单的讲究凉拌，拌之前别用沸水焯，怕把它焯老了，影响吃口儿。用的是归置头茬香椿的手法，把它沏了。择得的苜蓿，洗净了往碗里一搁，倒上沸水，用瓷盘盖上，待上一会儿，掀开盘，把水滗出去。再把沏得的弄出来，改改刀，另搁在一个碗里，加点儿适当的佐料，那么一拌，吃去吧，那叫地道，尚未入口也能让人垂涎欲滴。

清炒也是常见的吃法，或是做汤，甚至是做馅包馄饨，都能体会到非常鲜美的味道。还可以用它做荤菜的垫底，滑的是鸡片或是里脊，倒入事先处理好的苜蓿上面，再看这盘菜，下面碧绿，上面雪白，多漂亮呀，真是不可多得的美馔。

苜蓿不只北京有，南方也有。在江浙一带，不仅有野生的，还有种植的，上海人管它叫草头。在《中国名菜谱·上海风味》中，还收了一款生煸草头，作为入谱名肴。具体怎么做，我就不多说了，菜谱上写得很清楚。就要说明一样，草头后面还有个括号，写着"金花菜或三叶菜"。其中三叶菜好理解，菜谱上也介绍了，"草头，学名'苜蓿'，复叶由三片小叶合成，故亦称三叶菜。"而金花菜呢，分明说的是它开花的颜色，也就是开黄花的苜蓿。

那么，北京人为什么只认开紫花的苜蓿呢。《汉语大词典》上说过，它原产于西域，汉武帝时从大宛传入我国。连苜蓿俩字，都是古大宛语 buksuk 的音译。这事麻烦就麻烦在这儿了，最初传入者，开两种花，黄的、紫的。只有一个解释，一个地方一种讲究，一个地方一个样。

一七　葱姜蒜

庭院里的蔬菜,我写了不少段儿了。大概除了苋菜是随风刮到院儿里、发出来的之外,其他都是庭院里的主人种的,或是撒籽儿种的,或是从什么地方移来的,总之没有从菜市上买来,直接种在地上的。

在本篇中提到的这三样就不同了。它们还就是从菜市买来,栽在地上的,而且种它既不是为了看青儿,又不是想营造什么景儿。种它还就是为了吃,或者说,只有把它们种上才能吃。

葱

先说说若是在夏景天买葱去,您买几棵,但凡对厨事稍知一二的主儿都知道,这日子口儿的葱绝不能多买。说是葱,实则就是一根挺儿,葱白部分没多长,还又老又韧,葱叶倒长得挺老长,老绿老绿的,一点儿都不嫩。买来就是当时使,一时用不完,搁不几天就吃不得了，干柴禾似的，不扔了还留着它干嘛。

若是有院子，或是有一点点空地，买来就手儿把它栽上，就不会有这事儿了，也就麻烦这一回。栽的时候别草草盖上点儿土就算完事儿，挖深点儿，把葱白连同上面的杆儿都埋在土里，只有这样，葱才能长得好，长得挺实，再刨出来才得吃。

真要是这样，那才叫方便哪，随用随往出刨，用多少刨多少，吃着新鲜，还不糟蹋东西，居家过日子，还就得这么着。

姜

姜比葱强点儿，干得不照葱那么快，不至于两三天就吃不得了。可是，即便把它搁在凉快地儿，也有干的时候，一周或是十天，它也慢慢抽抽了。

用点废报纸包上，再放到冰箱里头，倒不至于干，但不能保证不发霉不烂，也是个麻烦事。这事要是搁在那当儿可就太好办了，再者了，那时候可上哪儿找冰箱去，就是有冰箱也不能往里头搁它呀。

找个花盆儿，搁上点儿沙质土，再把姜种在里头，就算完事儿了。放在窗根儿底下，不太晒又不碍事儿的地方。手还别欠，别时不时地老浇水，实在太干了，来点儿就行了。俗话说，姜够本儿，姜在盆里不是不长，往出滋芽儿，也长姜叶儿，长出来那模样跟小竹子叶儿似的。

姜要长成这样，那埋在土里，当初种的、成块的老姜可就长空了。与此同时,土下部分繁出来的姜芽,又要长成成块的姜。上面这句我是按照北京话说的,所谓"繁",按北京话读音读作"奋",是繁殖的意思,搁在一块儿就是老姜长空了,新姜又长出来了的意思。当时别刨它,当然要使它,还是该怎么用怎么用,"别刨"说的是当时别都请出来。一段时间以后,等到新姜再长长,挖出来看看,就会发现,盆里的新姜块儿的总量和当时种的老姜块儿差不多少,没赔没赚。

要不怎么只说姜够本儿,没说姜丰产呢,所谓姜够本儿,分明是将够本儿,种上多少还能收着多少,将将地够本儿而已。

甭管怎么说吧,且无论够本不够本儿,起码买来种上它,不抽抽、不干、不坏不烂,随买随种,不耽误吃,随时吃着新鲜。

蒜

蒜不同于前两样儿,它的保鲜时间长于葱和姜,且不说现在有激光蒜,它根本不出芽儿。那当儿没这东西,可这蒜成头的也好,成辫子也好,包括单瓣的,只要保存妥善,别让它受潮,别把它捂了,保存到年根儿底下,都不是什么难事。

到了该泡腊八蒜那会儿,蒜才刚刚发出点小芽儿,吃它根本不受影响,可是保鲜期到了这时候,已经接近尾声了。再过些日子,可就保不齐了,蒜芽儿越长越长了,蒜瓣儿随着蒜芽儿的长长,越来越来糠了。

这时候就该活动活动了,把整辫子的拆开,整头的也归置到一块儿,分门别类挑去吧。把芽儿小的、不怎么糠的,单留出一部分来留着吃,烧个鱼,包回饺子,是作为配料,还是用于佐餐都行。虽说吃口儿差点儿,总还是能吃吧。余下的怎么办呢,种哇。

冬天时冷,那不要紧,屋里有火。多找几个花盆,用几块碎瓦片,把花盆底下的眼儿盖上,再搁上土,搁土别搁满了,以盆四分之三高度为宜。先浇上水,当水渗下去之后,把一瓣一瓣的蒜芽儿冲上按在土里,过不几天,屋里那些花盆里就长出了齐刷刷的青蒜,随吃随往下剪,一茬儿剪完了,还能长出二茬儿、三茬儿。做个借点蒜味儿的菜,不用蒜用青蒜,烹制出来还漂亮哪。

要是想创点儿新意,也未尝不可。在长出青蒜的盆里,用废报纸围上个纸筒儿,使它见不着光,青蒜还变成黄色了呢。不过这么干没多大劲,它毕竟长不出蒜黄的样儿,吃口儿也没有蒜黄那么嫩。

不如干点儿别的,也别光惦记着吃。买来几个水头足的大卜萝卜,先把它洗干净,在上面挖出槽儿来,把蒜瓣儿用细铁丝儿穿上一圈儿,卧在槽儿里,注上清水。过上几天,萝卜缨儿也长出来了,蒜芽儿也长起来了,鲜红的罐里长着碧绿的苗儿,还有那嫩绿鹅黄的萝卜缨,凑到一块儿,瞧着多喜欣呀。

说了归齐,种葱种姜,纯粹是为了不糟蹋东西,不耽误吃,而蒜,为吃之外,还做了赏心悦目的盆景儿了。作为北京人来说,生活不就是如此吗,一点一滴的每一处,无不沁透着对生活的热爱。

一八　焖葱倒是款什么菜

一

在上篇中，提到了葱、姜、蒜，其中姜和蒜，也没有什么可再说的了，唯独葱，我还得多说几句。因为牵扯着父亲的一段往事，他的一款拿手菜，海米烧大葱。

鲁克才先生有一篇文，题目是《莫道君子远庖厨——访著名学者、美食家王世襄》，原载于《中国食品》杂志 1986 年第 7 期。在这篇文章里，鲁先生根据父亲的口述，记录了这款菜的做法"海米适量用水（或加酒）发好。加酱油、姜末、盐、味精、料酒适量调成汁，取肥硕的大葱白切段，下温油中炸软，捞出码好，与调味汁下炒锅中烧一下，使之入味即可"。

拙作《吃主儿》中也提到过这款菜，有一段的题目，就叫"海米烧大葱"。在这段的上面，还有这么句话："过道里戳着整捆整捆的葱，这葱不多预备不行，父亲在冬天最爱做的一个菜叫作

'海米烧大葱'。"

这款菜名是父亲的叫法,也是我们全家人的叫法,可是只在父亲为数不多的几位老朋友中流行。更多的人,包括品尝过这款菜的一些朋友,都把它叫作"焖葱"。这样一来,可就麻烦了。在各位大家文章中拜读过这段儿的主儿,未免就得二惑[1]。又有谁能想得到,被人们传得沸沸扬扬的、父亲的拿手菜焖葱,就是海米烧大葱。

也无怪在拙作出版后不久,有人在文章中有这样的疑问:"原来知道王世襄先生,是看汪曾祺的作品,汪老先生说:'王世襄只提了一捆葱来,说他只做一个菜,叫焖葱……做得了大家一尝,把别的菜全盖了……'可惜《吃主儿》里没有提到焖葱怎么做,后来买《锦灰堆》也没提,不知道还有没有人会做这美味绝伦的菜?"(毛升《当家做"吃主儿"》)既然误会产生了,索性,我就再写详细点儿,把这事儿说清楚。

二

父亲对葱这种入馔原料,可谓是情有独钟。在他的饮食观里,葱,确切地说是京葱,占有很高的地位。不但在烹制不少菜肴中,作为必不可少的佐料,还在他的拿手菜中,作为主料使用。凡是了解他的老朋友,没有一位不知道这段佳话的。

---

[1] 二惑,北京土话,疑惑的意思。

张中行先生不知道,张先生不是父亲的老朋友。第一次来我们家,是和启功先生同来,他们二位可是熟朋友。张先生时任高等教育出版社编审,单位在沙滩后街,离我们家不算太远,有事没事的就走惯了脚。

到家来也随便,赶上什么吃什么。有那么一天,大约是在九一年的冬季,这位老伯风是风火是火,大中午的跑了来,非得点名儿,让父亲请他吃焖葱。不用说,想必是看了那本《学人谈吃》,汪曾祺先生在序言中,提到了父亲的这款拿手菜。

要不怎么说,张先生不是父亲的老朋友哪。在父亲的那些位亲长和老友中,除了兰玉崧先生——执著的菜本味倡导者,吃什么都讲究不搁佐料——没食用过之外,其他人没有没吃过的。早拨儿的,张伯驹先生和当年参加押诗条的所有与会者,桂老(朱启钤)和生活在桂老周边的亲友。至于朱家溍、惠孝同、陈梦家、张葱玉、傅中谟、黄苗子等等父亲的密友,更是吃过不止一回了。就是父亲的同事,包括那些小字辈的小朋友,只要是在父亲周围转悠的都吃过。

父亲学会做这款菜有年头了,还是在他二十多岁那会儿,由他的表哥金潜庵先生传授的。金开藩,号潜庵,是金北楼先生的长子,湖社创办人之一,也是集中西精湛厨艺于一身的著名吃主儿,当年谭家菜馆的常客。

话说到这儿,还别以为这款菜有什么深不可测的渊源。说开了,无非也就是那些个好吃葱烧海参的食客们,爱吃这个味儿,又嫌海参贵,光用作料不用参。做的时候,又怕舍了海参、没了海味的味儿,添上点儿小海米烹制而成的。这些位主儿还有一点共识,他们没像某些老饕那样,把大葱的葱香视为浊气,倘若如此,也就不会喜欢这么吃了。

任何蔬菜,或者说入馔原料,都有它的本味,喜欢不喜欢,也是人之常情。这个事儿可是赶巧了,父亲以及那些品尝过这款菜的食客们,没有一位不认同大葱之葱香的。

之所以这么做,实则是一种因陋就简的办法,明白了这层意思,再去探究到底是何人的创制,就大可不必了。始作俑者,想必是个吃主儿,也只有吃主儿,才有可能把经典名肴这么去改。虽然把大葱换为烹饪主料,但是基本口感,并无大碍。吃主儿的治馔理念,由此也可略见一斑。

这款菜的做法,在《吃主儿》中已有详尽的介绍。值得说明的是,用料固然简单,却不是一年四季都可以烹制,这就和主料大葱的选用,有密切的关系了。

京葱在不同的时节,生长状态也不同。因此分为小葱,沟葱、青葱,大葱和羊角葱。父亲当年选用的,就是京葱之中的大葱。但是并非所有的大葱都能入菜,必得是在霜降之后、上冻之前,从地里起出来的大葱。因为只有在地里经了霜,葱质才会变得脆嫩可口,也只有这样的大葱,才能称得上是上品大葱。即使是最优质的大葱,优质期也只能延续到来年的正月十五,此后大葱的品质,就日趋下降了。按吃主儿的选料标准,只有在大葱的优质期,才会做这款菜。

这毕竟是十来年前的事儿了,现在的市场上,对于不同生长状态的葱虽然还有区别,可是品质和以前已大不相同了。一方面,由于北京的气候比以前暖和,往往到了霜降的节气并无霜降,另一方面,培育方式亦有不同。以北京市场的供应现状来说,真正产于北京的大葱,又能占有几成,即便是京产的大葱,和当年的大葱又有几分相似呢。大葱越长越茁壮了,可是葱白的脆嫩感不复存在,就是在深秋霜降之后,最优质的大葱亦是如此。用其入馔,剥皮数层之后,依然挺拔且韧。入锅油煸,即使炸透,用筷子夹起来一段儿,葱段弯成 U 形,入口仍有嚼劲,根本不能把它嚼烂,原来那种入口即化的感觉,荡然无存了。也正是从那时起,父亲再也没做过这款葱菜了。

后来,章丘大葱进入了北京市场。刚上市还不好买,有在餐饮界工作的朋友,不定怎么弄来三棵五棵的,送给父亲,按说这事儿好办了吧。

瞧它那模样儿,比京葱长何止一倍呀,尤其葱白部分,又粗又白,挺老长,还特别嫩。拿在手里,若是不小心能弄折了,从断茬儿处会看见充盈的葱汁。可有一样,不能入菜。它太嫩了,一层层的葱壁,若是生啖,口感极佳。不仅脆嫩,还有股甜味儿,简直可以说是一种水果型的蔬菜。要是过油,麻烦就来了,火大了它煳;火小了,炸不透;火不大不小,葱壁一层一层地往下脱落,炸着炸着,就把它炸散了。

就是因为它太嫩,不像京葱那样,适合过油入菜。也不能炸透,也不能炸软,这个菜还怎么做。因此直到今天,海米烧大葱,仍旧是记忆中的美味。

三

某款菜，家里爱做就做，不爱做就不做，无人指摘。餐馆就不同了，按照经营的规矩，只要是列在菜谱上的菜品，都要一年到头做下来，讲究什么时候都可以供应。

当年北京的餐馆，尤其是那些享有盛名的山东名馆，极其注重突出自己的特色，而葱烧海参，又是多年来脍炙人口的经典名肴。若按山东菜肴的烹制要点，做好这款菜，无非要把握两点，参好，葱也得好。

参好不难做到，品质高、发得好是必须的。海参个儿太大还不行，讲究用的参又得小、又得嫩，做出来才能入味儿。

同时，葱在这款菜中的作用，也是非同小可。菜名可不是瞎起的，四个字的菜名中，第一个字就是那个葱字。虽然按其排列关系，点明了葱是配料，但却是举足轻重的一种配料。

无论是厨家，还是吃主儿，对于美食的理解和概念是一致的。他们都认为，只有选用最合适的原料，用最得当的方式去烹饪，做出来的菜肴，才能称得上是美味佳肴。既是如此，这款菜的另一要点体现出来了，那就是"烟葱油"。在烹制过程中，要把葱段过油，把葱的外皮炸成金黄色，炸出来的油就是烟葱油。在这一步中，做得得法，火候掌握恰到好处，就是成功的关键。

北京那些老字号的山东馆，可谓是名厨云集。在烹制过程中的技术问题，可视为无。但是，现在的葱是那样的苗壮，那样的坚韧挺拔,甭说是名厨了,就是神仙也没辙。

章丘大葱进入北京市场,情况又发生了变化。先是由某家著名山东馆,在西城的大厦开设分店,率先使用章丘大葱入馔葱烧海参,从而改变了北京山东馆烹饪这款菜用京葱的历史,开创了鲁菜推陈出新的新纪元。如果有幸品尝到这么制作的葱烧海参,一定会有全新的感受,因为它不同于以前的口感,不少食客确实是赞不绝口。

任何菜肴,不见得人人都会认可,正是所谓的众口难调了。而具体到这款菜,不单只是众口难调,因为它是多年来,在北京已经形成了概念的经典名馔。也有不少食客,认为用章丘大葱入馔葱烧海参是不合适的,因为它属于甜葱。有人一定会产生疑问,葱烧海参本是山东名肴,章丘大葱又是俗称葱王的优质大葱,为什么就不适用呢。

因为他们认为,提起北京的老字号山东馆,以及烹制的特色菜,在漫长的岁月中,早已融入了北京人的生活,不归属山东,而是归属北京了。正如京戏,本是从徽班发展起来,进京之后融入了北京,演变为京戏,成为北京的剧种。北京老字号山东馆也是一样,已经成为了北京的餐馆,烹制的菜肴也已成为具有山东风味的北京菜。关于这一点,也有人提法不同,比如我父亲,按他的话说,这些菜肴是具有北京风味的山东菜。但是,无论怎么说,意思是相同的,那就是北京老字号的山东馆,以及烹制的菜肴,和那些山东省内的山东馆子,以及烹制的菜肴,根本就是两个概念。

对我国传统菜肴文化传承关切的人，都不会忘记，1983 年 11 月中旬，历时八天，在人民大会堂召开的、展示我国传统和当代名馔佳肴的盛会，第一届全国烹饪名师技术表演鉴定大会上，山东省特级烹调师杨品三烹制的葱烧海参，就是用海参中的上品刺参为主料，配以俗称葱王的章丘大葱。而北京著名老字号丰泽园的特级名厨王义均，也用一款葱烧海参献技于会，他是选用水发嫩小海参，配以京葱中的大葱烹制而成，被评委们一致赞赏为海参王，并一举夺魁。厨艺高超是一方面，另一方面，赶的日子也好，那几天正是京葱中的大葱品质最高的时候。

同是葱烧海参，在当年一直存在着两种做法。用章丘大葱是山东省内山东馆子的习惯做法，北京的山东馆子，用的一直是京葱中的大葱。从表面来看，两种做法没有什么不同，差别只是口感不同，章丘葱比京葱口甜，葱甜，成菜也必然口甜。若是不考虑这一层，稍甜点儿、稍咸点儿，也倒无所谓，怎么吃不是吃呀。

这里头有个问题，多年来形成的山东风味北京菜，已有了咸香的概念。其实口味儿改改也无妨。可是，包括父亲在内的那些老饕和吃主儿，连海参都能舍了去，愣把京葱当了主料，不就因为喜欢京葱的本味儿。用的是京葱，欠缺的只在于葱不嫩，而用章丘葱，葱倒是嫩了，可是味儿变了。某款菜，倘若连最基本的口味儿都保障不了，还有什么吃头。所以，海米烧大葱，或者管它叫焖葱，依然是记忆中的美味。

第三分

一九　春　笋

　　我们家那个院子，每年还能吃一回自家竹林里的春笋。这片竹子，说是竹林，未免言过其实，面积只有近二十平方米。但是，每年发出来的春笋，除去接着长成竹子的之外，总能筛出够炒个一回两回的。

　　什么样的算是筛出来的呢，那都得听玉爷的。歪着长的、斜着长的，两根挨着长的除去其中之一，等等吧。实在不够，再把离得忒近的，拣出一棵来，两棵挨得太近了，哪根也长不好。

　　家里的春笋，和市场上卖的春笋是不同的。首先竹种不同，北京庭院里有种粗竹子的，和公园里的那路竹子一个品种。另外，北京的土地和气候，与南方有很大的差异，竹子哪能长得那么好呢？而实际上，包括公园在内，北京庭院里的这些竹子，都长得郁郁葱葱，这当然和管理得当有很大关系。

　　当年我太小了，只知道玉爷每年都要归置竹子，怎么归置的，却不得而知。虽然不知道，但总能瞧得见，无论是家里的亲戚、朋友，没有一位不夸我们家竹子长得好的。

也可能每年挖点儿春笋也是归置竹子的一种方式吧。挖春笋我没去过，玉爷不让我进竹林，怕我被竹杈子剐着脸，又怕被竹根扎着脚，只让我在屋子里隔着玻璃窗往外瞧。

等我能摸着春笋，是拿到屋里之后。开始剥吧，人多好干活，一会儿就归置得了。年复一年，做的同一款菜，清炒春笋，掌勺的还都是同一位，当然是父亲了。别瞧在市场买的春笋谁做都行，家里挖的，尤其是第一回，必得是父亲炒。倒不是张奶奶不会做，而是父亲要过这个瘾，按他的说法，家里挖的和街上买的不是一个味儿。

这话确实不假，没吃过这口儿，可能体会不到。现挖的笋既不苦，又不涩，没有丝毫麻口的感觉。炒出来那是真叫嫩，真叫脆，真叫鲜。炒的方法极为简单，归置完了，切成滚刀块，加点儿姜丝，至多加点儿上好的绍酒，热油旺火急煸，断生出锅即可。

那是多好的东西呀，可别想起来，想起来令人垂涎。

二〇 秋　葵

　　若不是亲眼所见，我还真不信，这东西怎么都上市了，它能吃吗，再瞧瞧吧，别再是种辣椒。

　　我又走进婕妮璐，把那盒鲜蔬抄在手中，隔着透明的保鲜膜仔细端详，没错，它就是秋葵，秋葵的嫩果荚。青绿色，模样有点儿像辣椒，但没有那么光滑，外皮粗糙，还长着几道棱儿。

　　这东西我见过多了，以前院子里就种过它，种了不少年，最后拆迁的时候，院里还有哪。是七几年，父亲上王振铎先生家把籽儿淘换来种上的。王振铎，字天木，中国历史博物馆研究员，父亲的老朋友，当年住在朝内大街路北的文化部宿舍。住的地方宽绰，院子里也宽绰，他种的秋葵可真不少，足有二三十棵，不但种秋葵，还有芭蕉树。他们家搬出那院的时候，父亲还带我蹬着板车，把那棵芭蕉树起了回来，种在我们家院里。

　　芭蕉树挺高的挺儿，绿色的叶儿，总一个模样，什么时候瞧见，它都跟《西厢记》插图里画的差不哪儿去，没什么新鲜样儿。

而秋葵不然，把它种在院子里，那真是太美了。首先是长得高哇，两米都出去了，比芭蕉树高多了。肥大的叶片那么舒展，那么大器。花儿开得也勤，这拨儿开败了，那拨儿开，从仲夏到仲秋，一直能看见花儿。色儿还漂亮，那么娇嫩的黄色，而在靠近花心的部分，是非常浓艳的紫红色。两种截然不同的颜色，表现在同一朵儿花上，那么自然，那么醒目。开的朵儿也大，比我们院西屋来的那家新街坊，为搭厨房砍去的那棵木芙蓉，开的朵儿大多了，也不照木芙蓉开的花儿那样，还有复瓣，倒显着小器了。

再者了，原本还是个偌大的院子，几十年来搭了那么多家儿街坊，院里让各家儿扩建的住房，盖的小厨房，挤得也没多大地儿了，再不种这样的花儿，一点儿绿景儿全瞧不见了。

这东西能吃，我可是没想到。查查书吧。在《中国烹饪辞典》上就有，"秋葵荚，也称'羊角豆'，'羊犄角'。烹饪原料。为锦葵科植物秋葵的果荚，以其嫩果荚作蔬菜，主要供作清炒或配荤，也可以烧煮、做汤、又能腌渍，风味近似莲藕，口感黏滑。"

如此说来，这东西味道不错呀，再查查，哪个地方人爱吃，都有什么入馔的名肴。可是这两样儿书上没写，再问问别人吧。二返头堂，我又到婕妮璐走一遭，这回还不如甭去呢，人家就一句话——"不知道"。

也搭上家里烹饪的书多，再翻翻吧。在 1985 年第 10 期《中国烹饪》杂志中，有一篇聂凤乔先生文章，题曰《葵之迷》。开头先引白居易一首诗《烹葵》:"贫厨何所有,炊稻烹秋葵。红粒香复软,绿英滑且肥。"可是再往下瞧,不对呀,白居易烹的这个葵,不是它的嫩果荚,分明是嫩茎叶。而聂先生写的就更清楚了:"葵,又叫冬葵,或皱叶锦葵。"

那就没错了,敢情他们说的根本不是学名叫作秋葵的那种植物,而是冬寒菜。此物学名叫"冬葵",也是种烹饪原料。这要不瞧仔细了,兴许就让白居易老先生给误导了,他为什么管冬葵叫秋葵呢。

秋葵怎么入馔,照样不知道,其实也没必要再深究了。把它买来,按书中介绍的清炒一盘儿试试,看看吃着有没有莲藕味儿,口感黏滑不粘滑。仔细一看没舍得买,就这个,十块钱一斤,要价也忒狠了。院里有的是,那算个什么呀。

这事儿也怪了,家里那么些个吃主儿,来的朋友会鼓捣吃的主儿也扯了,怎么一点儿不知道呢。话说回来,不知道它能吃也好,都把籽儿吃了,还怎么种呢。这东西太好种了,只要是成熟的籽儿,种上就出芽儿,至多是浇上点儿水,就能长那么老高,开那么些个花儿。

我真正品尝到秋葵的时候,也是在那一年。可巧有朋友来访,两口子带着个孩子,刚从采摘园回来。采回来的有圣女果、小短黄瓜,还有秋葵,采了可不会吃,上这儿请教我父亲来了。得了,也别请教老王先生了,就请教小王先生吧,老王先生也不知道怎么吃。到我手里还不好办吗,当着他们的面,我就把它洗了择了,再改刀切成滚刀块儿,用点儿橄榄油那么一炒,今晚上咱们就吃这个。这东西的吃口儿还真不赖,所有就餐者无不交口称赞,都夸味道好。

可是我也纳了闷了,像这样又能赏花,又能入菜,栽种极其简单的植物,为什么不大力推广呢。起码它的嫩果荚可以进入菜市,也不至于卖出那个价儿,而在北京人的餐桌上,又多了这么种鲜蔬,那该是多么好的事儿呀。

二一　根大菜

　　据报载,说有位女士想买菠菜,就上便民菜摊买了点儿。回家一炒,怎么着,一点儿菠菜味儿没有,那还不急,翻回头找去不说,还把记者请了来,非得跟卖菜的理论理论不可。

　　后来怎么着,敢情那位自称卖菠菜的商贩,卖的根本不是菠菜,而是叶用甜菜,也就是莙荙菜。菠菜和莙荙菜都分不清,不会吧,但这话看是怎么说了。对于买菜稍有经验的人来说,这不是什么问题。

　　一般来讲,尤其是在暑热天,菠菜短缺时,常以莙荙菜补充菜源,调剂市场。菠菜分为两种,冬菠菜和春菠菜。当然说的是以前,现在大棚技术日益完臻,一年四季都可以种植菠菜。但根据菠菜的生长特性,在最热的时候生长最慢,故此在暑热天上市的菠菜最少。而在其他季节,还看不出菠菜短缺来。换言之,也只有在暑热天,市场上才显得莙荙菜多。实际上,在其他季节,上市的莙荙菜也的确不太多。它没有菠菜抢手,上市那么多,谁买呀,这就是市场的游戏规则了。

也可以从售价上加以区分，同样是这个季节，菠菜的售价要比莙荙菜贵点儿。菠菜在不同的市场，售价亦不同，批发市场能卖个两三块一斤，菜市场卖五块钱一斤都算便宜货了。莙荙菜且无论什么样的市场，单价也过不去两块钱。

单纯从这两种菜的卖相上，也能把它们区分出来。菠菜上市都是带根儿的，也有不带的，但那是超市包封好了的精品菜，不会买错了，包装上有品名，写得清楚着哪。而莙荙菜上市从不带根儿，也没法带根儿，这就和它的生长状态有直接的关系了。

莙荙菜的植物名是叶用甜菜，此物别称恭菜、菠叶甜菜。各地俗称也各不相同，在山东称之为根头菜，广东称之为构菜，广西叫它厚皮菜，四川更热闹了，那地方还分两种，其中绿叶的也叫厚皮菜，别有一种茎叶满是紫红的叫大焰菜。在北京则一直俗称为根大菜。若用北京话说，第二音轻读，灌到耳朵里那个"大"字，听着有点儿像"的"的音，连在一块儿就是"根的菜"仨字。

为什么叫这个名儿有讲儿。这东西根大的哪儿了，因为它就是叶用甜菜。甜菜有两种，一种是根用的，一种是叶用的。市场上卖的常用于西餐配菜的紫萝卜头，就是根用甜菜的一种。还有一种白色的，市场上瞧不见，因为它不能当蔬菜食用，是专门用来做糖用的。我下乡所去的那个建设兵团就有糖厂，我们连队就种植这种甜菜，所以印象格外深刻。这东西个儿是真不小，北京市场上所有的萝卜都无法和它比拟，小点儿的都有个五六斤重。

叶用甜菜也是种甜菜,那肉质的根也像是长在地上的大萝卜,所不同的是,根半截在地里,半截长在地上头。从这上半截发出的一根根直立的叶片,劈下来就是根大菜。它能有根儿吗,还是真没有。

可是说它没根儿,买菜没什么经验的主儿也有把它认错的时候。因为这两种菜的菜叶儿部分长得确实太像了,若是不像,莙荙菜也就不会有菠叶甜菜的别称了。可是它们的叶柄长得不同,菠菜叶柄呈圆棍儿状,长得比较细,莙荙菜叶柄呈扇骨状,长得较长,而且光滑,粗且发扁,和蒿笋叶、油麦菜叶的叶柄略有相似。用比较形象的说法,有点儿像夏天纳凉扇的那种芭蕉叶的叶柄。如此几点全考虑进去,这两样菜就很容易区分了。

这两样菜在口感上确有相似之处,吃口儿都是软滑鲜嫩。当然了,菠菜的清香味儿略胜一筹,因此人们更加喜食菠菜。莙荙菜不会有菠菜的清香味儿,但它也没有菠菜那股子涩味儿。到底哪样菜更好吃,也是仁者见仁,智者见智,两说的事儿了。

北京人,尤其是老北京人,更加偏爱根大菜,这还是一点儿错没有。五六十年代,北京人在庭院里种根大菜,也太常见了。这东西极其好种,无论是种在地上,还是种在花盆儿里,都长得挺苗壮。那发出来的叶片,随往下劈,随往出长,而且皮实得很,越劈越长得好。今天劈下够吃一回的,至多四五天,又能劈二回了。

劈下来怎么吃,那还不是随便呀,凉拌、清炒、做汤,爱怎么吃就怎么做。我从小就爱吃这种菜,甚至觉得加点儿蒜泥凉拌,吃口儿比拌菠菜还地道哪。

当年在我们家,在里院西屋窗根儿底下、花池子边上,那一拉溜儿四个硕大的紫砂花盆儿里,每盆里都长着繁茂的根大菜。那是张奶奶种的,她老人家好的还就是这口儿,年年翻盆年年种,乐此不疲。

二二 扫帚菜

北京人在庭院里种花种草、种树种菜,为了是美化居住环境,提高生活情趣。只为了想吃哪样,特为把它种在自家院子里的,还真不多。

我们家就有三位这样的迷症。前面提到根大菜,干嘛种那么些盆哪,还不就是为了满足口腹之欲,怕种少了不够吃。再者,那东西也好种,起码籽儿不发愁,每年翻盆前,就把籽儿采下来了,再种还犯什么难呀。

有的东西不同,就比如说扫帚菜,是把它种在花池子里了,一种就是二三十棵,不为长长了做扫帚,就是趁它嫩的时候,掐尖儿吃鲜儿。也不容它长大了,它要是长大了,那是个挺大挺大支棱起来的棵子,还甭二三十棵,有个十棵八棵的,花池子就占满了,就是留一棵都不行,长到那儿真碍事不是。所以每年种,长出来趁着嫩就掐尖儿,长到一定程度,棵子上没什么嫩尖的时候,就把它拔了请出去,省得在这儿添乱。

可是这样一来,收不着它的籽儿,那怎么办呢。当然是有法儿办了,左不就是麻烦点儿,每年头开春前,玉爷都得来趟朝阳门外,找朋友寻摸籽儿去,就这么着,每年也没耽误吃。

北京人,尤其是老北京人,没有不好这口儿的。这东西别瞧就是种野菜,但其口感绝对在菠菜、小白菜等春令佳蔬之上。把它洗干净,用沸水焯过,或是用点儿调好的芝麻酱那么一拌,或是来点儿香油加点儿醋,再拍上几瓣蒜也是一拌。两种吃法异曲同工,吃口儿都是那么地道,令人垂涎。

二三　蓖　麻

什么年头讲究种什么，那真是一点错儿没有。50 年代末、60 年代初，北京人在院子最爱种两样东西，一种是蓖麻，一种是老玉米。

蓖麻是书本语言，也是我们现在流行的称谓，可是在以前，按北京话说，叫它大麻子。为什么爱种这两样呢，和当时的困难时期有关，种蓖麻可以用它换点儿油票，种老玉米得吃。虽说这都是杯水车薪的事儿，但总还是能够有个念想儿，来点儿实惠。

用蓖麻子兑换食用油的油票，是哪一年在北京实行的，我没记住，可这个事情推行的可不是一年两年，在我的印象里，起码得有数年之久。同学家真有种得多的，是按多少斤换一斤来着，反正挺大一堆才能换一两，可他们家每年都能换好几斤，那得种多少哇。我怀疑不是在院儿里种的，能收那么多，不定在哪儿种的呢。

要是见过这东西长得什么样，就相信我的话了。每棵蓖麻有个二三米高，光高不说，那伸出的杈儿，长出那大片、大手巴掌似的叶子,占多大地方,每株方圆还不得占个三四米。也不能把籽儿挨得太近了,一定要保持合理的株距,也就是说若有个四米来宽、八米来长,偌大个花池子,就是什么都不种光种它,也种不了几棵。

对于一般人家儿来说,种它也能换油票,但换不了几两。说几两都多,换个一二两就算很不错了。当年北京人也未见得就指着它换油票,还是当作院子里的一个景儿。别瞧此物是草本植物,愣长出树模样来了,那么高,又有那么多的叶片、枝杈,在院子里真能遮阳。它的叶子也长得太大了,甭说是孩子了,大人怎么着,摘下片儿叶儿来,顶在脑袋上,也跟戴上个草帽似的。

青蓖麻长的也有点儿意思,它的个头比山里红小,比算盘珠儿大点儿有限,大估摸也就是海棠的个儿。绿绿的,上面布满了绿毛刷似的小刺,刺不扎人,摸上去软软的,就整体来看,有点儿像海胆。

那时候的男孩子都爱玩绷弓子,也就是用豆条跶个框,两边穿上皮筋,再穿上块从修鞋匠那儿找来的皮子。用这东西绷石头子儿,打鸟儿用,有蓖麻就不用石头子儿了。

再淘点儿的孩子可就不打鸟儿了,分拨对绷着玩儿。这种玩法比较危险,绷着哪儿都没事,就怕绷着眼睛。我怎么知道那么清楚呀,真受过害不是,现在想起来都后怕,没绷瞎还不算便宜。

得了,别说这点儿光荣历史了,还是说点儿别的吧。当年国家为什么要收这蓖麻呀,听说用蓖麻轧出的油,可以制作高级润滑油，在飞机上用。

我早就知道蓖麻油，比见过蓖麻还要早。那个时候，一般像点儿样的家里，通常都备有一瓶从药房买来的蓖麻油。它是种泻药，专治便秘。遇上这事儿，喝上一两口，特灵，起码比现在的开塞露好使多了。

开塞露也挺好用的，但要看是什么人用。大点儿的孩子，以及不太老的老人都能用。但若是婴孩儿，或是久病的老人，用它的时候，极容易把肛门内捅破，而用蓖麻油绝出不了这事儿。

也搭上几个月来，父亲住院，在医院打过几次开塞露，都是专业人士给打的，但无论打得多么得法，多么小心，还是每次都把肛门里头捅流了血，看着真焦心哪。

因为这个，让我想起了蓖麻、蓖麻油，和种蓖麻的那个年代。我不明白，蓖麻油现在为什么就买不着了呢。

二三 蓖麻

二四　老玉米和玉米笋

　　熟悉北京话的人都知道,有时候北京话说起来挺别扭的。就说玉米吧,北京人不叫玉米,而叫老玉米,且无论玉米老嫩,他都这么叫。

　　一个地方有一个地方的语言习惯,既然北京人这么叫,往往就闹不清是怎么回事了。比如以前吧,有不少北京人都爱在院儿里种点儿老玉米。想法各有不同,有为看景儿的,只要是长出来就得,结不结棒,结了有籽儿没籽儿都无所谓,就为院子增加点儿美感。这样最好种,找对了地方,撒上籽儿就得,至多浇点儿水。等长出苗儿来,也不必间苗,不就是为了看青儿吗,长出来的干嘛还把它除了去呢。

　　也有真指着它结的,那可麻烦多了。还没种哪就得把地翻好了,真跟大田一样,该堆垄堆垄,该施底肥施底肥,一点儿含糊不得。长出来该怎么管理怎么管理,只有您不糊弄它,它才不糊弄您。

　　别的甭说,就说这两样,随便种的,也未见得就一个都不结,没准儿哪株结了，可是它没籽儿，整个是瞎的。在北京人的口中，也叫老玉米，只不过多了一个字儿，叫瞎老玉米。从这个可以看出来，所谓老玉米的那个老字，和老嫩无关。

提起瞎老玉米，再说说北京人种老玉米的第三种方法。他们所想收的，就是这种瞎老玉米。种这玩意儿干嘛使呀，也是吃，别让它长太大了，大小倒是其次，主要是嫩，嫩的时候采下来，就是玉米笋。

现在的超市里，有一种罐头的玉米笋。每株笋不过六七厘米长，一根中性笔那么顸。但这是培育出来的玉米笋，在这项栽培技术尚未完臻之前，人们食用的玉米笋，只有一种，就是前面说的嫩老玉米。

这东西现在是买不着哇，可在当年市场上不仅有卖的，而且售价相当低廉。可就有一样，它不是现摘现卖的。种这东西的地方在乡下，就说是一清早摘的，怎么着也得凑够了一车再往城里运，这么一耽误，再新鲜的东西也不新鲜了。而且用它入菜，对其品质的要求非常苛刻，好有一比，就如同上文中提到的鲜核桃仁儿。

吃主儿有吃主儿的讲究，也算是种毛病吧。可要用的又不是什么值钱的东西，不就是自家在院儿里种的嫩老玉米吗，如此说来，也就没必要再刻意指摘了，他爱这么用就让他用去吧，这当然也包括我们家，父亲、张奶奶、玉爷仨吃主儿。

每年我们院儿里老玉米都这么种，虽然种的不是很多，但收的总够吃几回的。也使我从小就知道它的美味，以及老北京人对它的称谓。

二五　蕹　菜

　　黄苗子先生是广东人,父亲的朋友、院里的街坊,也好在庭院里种点蔬菜。

　　黄先生种的是蕹菜,蕹菜有个别名儿叫空心菜。这东西怎么吃,清炒、做汤两相宜。不过最常见的吃法,还是清炒,至于是加点儿蒜茸、还是豉汁儿,或是上汤,那还不是手里变的事儿。有些食家还喜欢加点儿腐乳汁儿,认为这么做出来更好吃。

　　其实什么都不添加,光用油盐炒炒,也相当爽口。成菜无不色泽翠绿,口感柔滑,还有一股特有的鲜香,引人食欲。

　　这些都是好吃这口儿的感受,就有不爱吃的,原因还是那股特殊的味儿。按老北京人的说法,它有股子青气味儿,没大吃头。

　　蕹菜分为两种,水蕹和旱蕹。水蕹在泥地里生长,旱蕹在土地上生长,二者口感有差异,水蕹口嫩,胜于旱蕹。旱蕹好种,栽在地上就行了。种水蕹可就费了劲了,尤其是在庭院里,上哪儿找合适的地方呢。

　　可也别说,黄先生就是位执著的主儿。他种的就是水蕹,可种哪儿呢,还真有主意。用个花盆儿,找块瓦片儿、把里头那个眼儿堵上,搁土、倒水,把水蕹栽在里头。再用一个大瓦盆,就是瓦制大号洗衣裳盆,倒上水,把那盆蕹菜坐在瓦盆里。

这么种麻烦不麻烦呀,再者了,蕹菜还值得种吗,菜用也就是掐个尖儿吃。虽说是随掐随长,可是一茬不如一茬,凡是这路菜都犯一个毛病,掐完尖儿再发出来的一回比一回老。木耳菜也是如此,不是种得多吗,又这通爬蔓儿,竹栅栏上满是,这回掐这片的,下回掐那片的,花差着掐,总能采着点嫩儿的。根头菜就更不存在这个问题了,随劈随长,劈下去的是根根叶片,根本不用掐尖儿。

这可倒好,就种这么一盆,至多掐个两三回,就全成秃茬儿了。与其如此,还不如在市场上买哪,又不是什么贵菜。何况盆儿都这模样了,还那么伺候它,冤不冤哪。这话也就是现在说,是个卖菜的地方就能买着。当年,它虽然不是个贵物,一两分钱一斤,但是除了夏天,在市场上偶尔得见之外,倒想买呢,上哪儿买去呀,市场上贵贱没有不是。自己再不种点儿,想吃,没门儿。

黄先生也种过苦瓜,可不是卵圆形的癞瓜,而是圆柱形的苦瓜。还真不为了看景儿,就是为了吃。这也是北京人不爱吃的菜,别说市场上没有,有也不贵,可真不是什么好买的东西。碰对付了,捡个便宜,毛来钱弄一堆回去,要是碰不对付,十天半个月也买不着。这东西还没法存,谁家有电冰箱呀,大夏天的,至多两天就全玩儿完。

所以说了,要是去黄家串门,看见黄先生归置菜哪,还别瞎帮忙,把切得的苦瓜帮着焯了,黄先生能不急吗。

二六 芝 麻

　　要不怎么说是困难时期哪,什么东西都不好买,粮食要粮票,杂粮还买不着。副食不是要票,就是写本,抽烟的主儿也受瘪,买烟也凭票,不够抽就忍着吧,或是活泛个心眼儿,找点儿代用品。

　　当年有个笑话,说有位老兄烟瘾极大,买的烟卷不够抽,满处寻摸买叶子烟,买着了还就把它当宝贝揽子〔1〕存起来。一天夜里犯瘾,非得抽棵,烟卷没了,卷烟叶吧,其实烟叶也没有了。这位不死心哪,满世界摸索,黑灯瞎火,摸着点儿海带,也不觉乎硬不硬,三下两下卷得了,那么一抽,抽得满嘴又腥又咸。

　　我说这档子事儿,发生在我们院,谁呀,家里的一个朋友,也不能说是家里的朋友,而是朋友家的厨子。那位朋友老了奔儿子,搬西城住去了,他就没地儿住了。按他说的那意思,人家没想辞他,说好了带着他去,他觉得没意思,说什么也不跟着走。

吃主儿二编

---

〔1〕 宝贝揽子,北京土话,意思是非常宝贵的东西。

可巧,后来他又在我们胡同里找了个事,那家是外国人,印尼使馆的,没法住人家不是,就搬到我们院来了。当时正赶上大跃进,我们家还有不少闲房,街道上老想在这儿办托儿所,多户人家住在这儿,不是也好搪塞那个事吗。就这么着,高大爷、高大妈就在我们这儿度过了困难时期。

高大爷不抽烟,高大妈抽烟,烟瘾还挺大。高大爷是干嘛的,厨子,自个儿老想鼓捣点吃儿。按北京的说法,烟叶最好的替代品是芝麻叶儿,而芝麻又是高大爷梦寐以求、想寻摸着的玩意儿,搭上院子里地方也大,还不用占花池子,还有我和李家兄妹开出的那块种蚕豆的地,不就齐了吗。

说干就干,这回还不用我们帮忙了。李家兄妹、玉爷、张奶奶和我都是看客。收的时候也开了眼了,敢情不能等芝麻结的小斗干了、黄了才收,绿的时候就得收,小斗崩了就白种了,籽儿都崩没了,上哪儿收去。而后,芝麻怎么晒的,怎么把籽儿抖搂出来的,我们全瞧见了。

还有一样,我们也瞧见了。簸芝麻的时候,高大妈跟高大爷这通翻斥,嗔的[1]他光顾了芝麻,不顾她的芝麻叶。

也就是那特殊的年头儿,特殊的事儿,让我们看见了怎么种芝麻,怎么个芝麻开花节节高。

---

〔1〕 嗔的,北京土话,意思是埋怨,或责怪,但又不是单纯的埋怨或责怪,多少有爱昵的成分存在。

二七　小　麦

50 年代与 60 年代不同,在北京庭院里,有园子的宅子还有不少家。

园子不是块空地,那儿的土必得适合作物的生长。原本土不好的都换过土,归置出菜畦也是必须的。这种庭院里的园子,还有一个显著的特点,那就是一定会有井。有的还不止一口,讲究用井水浇地,没有用自来水的。

井,甭管几口,还都不能是普通的水井,必得是像根铁柱子似的立在那儿,带根铁质压柄的压水井。这种井在打水的时候,得先往井帽里倒上些水,才能用压柄把水压出来。在我小时候,影影绰绰记得听什么人说过,这种井是由著名铁路专家詹天佑先生发明的。在那盛行用压水井的时代,它也是庭院里有园子的一种标志。

园子里都种点儿什么,还不是随便哪。那时候有园子的人家儿,或是有家厨,或是佣人,由家厨或佣人带手儿管理园子,而往往他们本身还是把式,那就好办了。而在有的人家儿,家里的主要成员，本人就是把式，那就更好办了。

当然了，真是这样，园子会种得更地道点儿。就是没把式也无所谓，自家院子里，爱种什么种什么，反正是个乐儿。况且每年到了时候，都有农民挑着担子进到城里，沿街叫卖带着土坨的各种菜秧，黄瓜、西红柿、茄子、辣椒，买来栽上，多容易的事儿。

至于再种点儿丝瓜、扁豆，种点儿葱，种点儿蒜，种点儿萝卜、白菜，就说不是个把式，也都能种得出来，不耽误吃。那时候，上谁家园子去，大致都是这个景儿，真跟个菜园子一样。

可是说来可笑，在粮食紧张那二年，我父母单位，楼前头花池子连同篮球场，都被开垦成麦田了。灌浆时节，您站在一边儿，哈着点儿腰，或者半蹲着点儿，放眼一望，还真有点儿壮观的意思。为什么非得拿这俩姿势呀，因为怕看得太远了，看到这块麦子地外头去。玩笑了，可是宅子里园子改麦地的，大有人在。反正在那二年，也不是个新鲜事。

二八　白　薯

朝内南小街拆迁不少年了,现在要往那边去,还能轻易找见桂公府,可桂公府周围的那几条胡同瞧不见了。我们家以前就住在其中一条胡同里,具体位置和桂公府没多远。

在这几条胡同里,不是在六三年,就是在六四年,还发生过一件有意思的事儿。在同一年内,胡同里有不少人家,都在自家院子里种上了白薯。

种白薯不同于种别的,比如说土豆,不能用白薯直接往地里种,必得在种之前育出秧子来,把秧子栽在地里,才算种上了哪。

白薯以前我就种过,不但种过,还见过育秧的全过程。那是我上小学的时候,当年我就读于海淀学院区的航空学院附小,那所学校和城里的小学不一样,地方大不说,施教方针也不大一样。就比如说种白薯,光用秧子种就行了,那叫什么事儿。学校是要学生们了解白薯这种农作物栽培的全过程,哪能舍去种前育秧呢,可是有了这个想法,办起来就麻烦多了。

不错,出了航空学院,走不了太远,就是公社的所在地。哪个生产队没有育白薯秧的，但总不能天天带着学生上生产队吧，也太不方便了。

只有一个办法，在学校范围内找个地方育秧。说得容易，学校里现有的哪间房都不合适干这个，但决心已下，还有办不到的吗，经商讨，把临近球场的一个旧器材室腾了出来，里头盘上个炕，又在炕上用砖头圈上个育秧槽子。

余下的更不用说了，育秧用的白薯，以及腐熟土、干草末子、干马粪等等，都是从生产队拉回来的。还得备点儿柴禾，预备水桶，以及确定烧炕人员的具体换班时间，这倒好办，有值班的老师，有校工，一合计就行了。

在这间教室里，我们这些生活在学院大院里的孩子们，知道了什么是腐土，什么是腐殖质。各班学生都依次来到这间教室，用手攥过这种土，知道了这种土攥在手里可以成团，把手松开，它也会松散开来。

也是在这间教室里，我们知道了怎么育秧。那些码在腐土、草末子、干马粪末之间的白薯，怎么从3月到4月下旬，长出薯秧一拃长，怎么把它拔下来，打成捆，准备移种在实验田里。至于最后为种出的白薯进行评比，全校不分年级，以班级为单位，在老师的指导下，各自在学校的实验田里栽种白薯，在同一起跑线上，哪班收的最多，那就是本事了。

北京城区的居民，怎么想起种这玩意儿来了，要说往前推个二三年，正值困难时期嘛，种点儿还能吃一口哪。这日子口为的可是什么呢，再者了，种白薯得有薯秧呀，不会是在街道上找个

101

二八 白薯

什么地方育吧。

原来是这么档子事儿，那年也不知是个什么机构，想推行在市区居民家中养兔，说是为兔皮出口。品种有当年耳熟能详的良种安哥拉、塔兔，也有普通家兔，灰的、白的，东西不同，价也不同，名贵的还真叫贵，一对崽兔得好几十块，家兔便宜，块儿来钱一对。等到养大了，这家机构再回收，回收时可就不是这价儿了，怎么着也能挣几十。挣是以后的事，万一养死了，那就干赔了。当时工资低，就这个价儿，有几位买得起的，所以居民买得最多的还是家兔。

说了半天和白薯有什么关系呢，那家机构为推行养兔，还有项优惠政策，就是准备了大量的白薯秧子，免费提供给兔子养殖户。再附上一张说明，告诉兔子怎么养、白薯怎么种。意思很明白，让您种白薯，秧子给它吃，白薯您吃。

这事儿也有意思，搭上那家机构没计算周全，干嘛非要免费提供白薯秧子呀。结果兔没卖出几对，秧子全让人拿走了。自家没种多少，全散出去了，胡同里也就形成了刚才说的那个景儿。

二九　核桃酪

　　我从小就不爱吃核桃酪,这东西齁甜,它还腻,腻得那么烦人,真不是什么好吃的玩意儿。

　　可是不爱吃,未见得就不会做,而且还做得那么地道,真有点儿不可思议。做这东西,我还不是在家跟玉爷学的,虽然他老人家做得也是那么地道,而是另有师承,或者说,是我和街坊的孩子们,一块儿玩时的技术产物。

　　这家街坊姓李,是上海人,兄弟姊妹之间的称谓都用上海话,灌到咱北京人耳朵里是这音儿,"堵滴",大弟;"小滴",小弟;"某姑",毛哥;"大加",大姐;"二加",二姐;等等吧。我之所以到了现在,还能听得懂七成以上的上海话,甚至还能听得懂滑稽和评弹,真是因为有这段幼工。

　　这家有个新鲜的,一家上下皆吃主儿,甭管做点儿什么吃,都讲究大人孩子一块儿招呼。他们家最小的男孩,不是叫"小滴"的那位,大家都管他叫"小八",他就是这家里大排行,行八的那个最小的男孩。这位在当年也不过十一二岁,我比他小六岁,别瞧我就是这岁数，要到他们家玩去，赶上做吃的，也得被他们抓了壮丁。

人多好干活，再者，他们家做吃的工具可真叫多。做核桃酪没什么新鲜的，主料无非三样，核桃仁儿、红枣和大米。但是，得把这几样的比例搭配好了，不然费了半天劲儿，做出来的东西也没法吃。

记得近几年，赵珩先生每年在临近春节的时候，都给父亲送来他家做的核桃酪。那可真称得上是精工细作，就有一样，料配的比例不对。枣泥没少搁，搁得太多了，那碗东西都呈现出棕红色了。枣泥搁多了，喝着不利口不说，口感还偏酸。这个我也跟他交流过，看看他今年再做，有什么改进没有吧。

核桃酪里，最主要用的还是核桃，得把核桃砸开，把仁儿挑出来。我让他们抓了壮丁，还不就是因为核桃仁儿供不上用。瞧吧，在这家院子里，起码有五六个孩子在那儿各自为战，一人一把锤子，砸核桃仁儿。这么多人砸，怎么还供不上呢。还真是事出有因，一来，这核桃真不好砸，二来，这核桃还有讲究。

现在上食品店买核桃，会发现虽然品名都叫核桃，但还分好几种。有皮薄的，被称之为鸡蛋皮核桃，无疑是上品干果，皮薄，油性还大。从食用果仁儿而言，它是上品，可是用来做核桃酪并不合适，也是因为油性太大。

若是用这么大油性的核桃仁儿，制作核桃酪，那做出来的东西，吃口儿就太油腻了。为什么餐馆中出售的核桃酪没有这种感觉呢,那是因为现在很多地方制作核桃酪,没按当年的配料标准去做。在50年代轻工业出版社《中国名菜谱》第三辑中,由开业于北京西交民巷的江苏淮扬风味餐馆,玉华食堂制作的北京名吃核桃酪的原料配伍"核桃仁四两,大米一两,红枣一两,白糖四两"。

值得注意的是,这里说的核桃仁儿是净仁儿,至多也就还有那层苦皮儿。而红枣却不是枣泥,而是整枣,得放在锅里煮后,去皮儿去核儿,方能使用。当然,核桃仁儿也得用开水泡后,把苦皮剥去,但剥去的只是那层苦皮而已。如此看来,这二物的比例一目了然。所以笼统地说,核桃与红枣之间的比例,八成比二成是不确切的,红枣只在二成以下,绝到不了二成。

再翻回头说那核桃,不能用出油率高的上品核桃,只能用核厚且硬,出仁率极低的普通核桃。这东西要剥出仁儿来,费劲不费劲。架不住人多哇,还添了一个小壮丁,也凑到里头尽力砸。砸核桃不能光图快,还得悠着点劲,总不能把仁儿都砸个粉粉碎不是。两个钟头以后,总算按他们的要求,把任务完成了。

往下容易多了,大米没什么可归置的,至多也就是把里头的沙子等杂物挑出去,用水洗净之后,再泡两个钟头。红枣煮膨胀即可,去皮儿去核儿。这些活儿早让"大加"、"二加"抢着干了,是得抢着干,干这个多容易呀。

得了,二位姐姐接着干吧,把核桃仁儿用开水泡泡,再把苦皮儿剥去吧,我们也该歇会儿了。歇会儿,哪歇得了哇,又有人发话了,你们再摘点儿薄荷叶去。好在摘这东西,倒甭往远了去,在这院子里就摘得着。干嘛使呢,待会儿就知道了。

那二位姐姐把核桃仁儿归置完,和枣肉放在一块儿剁成碎末。重申一句,枣只是煮至鼓起来、能剥皮即可,得用刀子或剪子,把枣肉从核上弄下来,而不是轻易能刮下来的枣泥。如果真成了枣泥,一来煮的时间还得长,二来没有枣香了,最重要的是它的口感起了变化,未免会出现酸口。

那两样都剁碎之后,放入盆中,再把泡好的大米也搁在盆里,倒上适量的水(约为四两,在本文中所有计量两,均为十六两一斤)。之后该在小石磨上磨了。小石磨现在瞧不见有卖的了,在当年,它是个极好买的物什,是个山货屋子就有卖这玩意儿的。磨东西怪好玩的,哪个孩子都想抢着磨几下,一个人磨,后边有一串排队的,都想过过这个瘾,磨浆讲究反复磨两回,磨出的成浆不是棕红色的,而是略带点儿棕色、乳白色的极稠极稠的浆。

这时候,就该把铜勺请出来了,煮核桃酪不能用铁勺,在铁勺里,浆能变黑。凡是好鼓捣点吃儿的家庭,都备有各式各样的炊具,为的是在制作不同吃食的时候使用。把浆倒入铜勺,加上白糖,再倒上水(约为十四两)搅匀。放在火上,用小铜勺不断地搅,待浆开时,就成了核桃酪了。

做这步时,老将出马了。孩子们全被堵到外头,不让进去,怕把谁烫了。我才不爱往前凑哪,这东西没什么好吃,还瞧它干嘛,还是等会儿喝点儿绿豆汤吧。

他们家做的绿豆汤，和张奶奶做的不一样。讲究熬得了，端锅离火，掀开锅盖，撒上薄荷叶和糖桂花，再盖上盖，焖个十来分钟，把它扛到茶壶里，往出倒着喝。别人不敢说，我认为这种绿豆汤那真是太好喝了，且比费了不少劲、做出的那核桃酪好喝百倍了。

三〇　黏玉米

　　在我小的时候，不只是李家做核桃酪时被他们抓了壮丁。在他们做莲子羹、八宝粥时也有过这事儿，或是被按到桌子边，也给我一根竹扦，去捅那莲子芯儿。或是发我把锤子，和他们一块砸银杏，要不就和他们一块剥桂圆肉，等等吧，这样的时候多了。

　　没被抓去和他们一块翻地还不算便宜呀。每年到了春夏季节，院子里该种点儿什么东西的时候，李家的兄弟姐妹都要组成垦荒团，在院子里劳作。也搭上他们家院子宽绰，每年要翻地的范围委实不小。可是，每年要种的东西却非常单调，只有两样，分别是黏玉米和土豆。

　　种玉米是个景儿，偌大的一块地翻完了不是吗，还不算完。先得用耙子耙上一遍两遍的，把地里的碎砖头、碎瓦片儿、烂树枝子什么的都耙出去。还得把地弄成一垄一垄的，再在垄上挖坑，点种玉米。点种还有讲究，先得把那些土坑都浇一遍水，并等水都渗下去之后才能点种。一般来说，一个坑点三粒玉米豆

110
吃主儿二编

儿,呈三角形,让它们谁也不挨着谁。为的是三棵都出苗之后,选一棵最茁壮的,再把那两棵间去。就这一套,是个想让玉米在院子里长得好着点儿的人家,都得这么干,可是李家下的籽儿和其他人家儿不同。

现在就甭说了,恨不得在五六月份,市场上就有卖黏玉米。当年不能说绝对没有,只是极为少见,尤其是粒大点儿的黏玉米更为少见。以前北京有一种观赏玉米,结的玉米豆就是黏的。可是这东西整株长得矮,结的玉米棒子也很小,整个棒子也不过有十厘米长。玉米粒儿倒是紫色的,但形状是尖头的,很像人口中门齿两侧的犬齿,有的玉米粒儿个头儿还不及犬齿大哪。这东西作观赏用,是个看青的玩意儿,要是用来吃,可就差点儿意思了。李家的玉米种子不然,简直和现在卖的、黏玉米的玉米粒一模一样。听说他们家种不少年了,最初还是李先生早年上外国留学带回来的。

这茬儿庄稼怎么管理,怎么收,我就全管不着了。可是到吃的时候,我准能知道。一来,我们家离他们家很近,就隔一道墙。二来,我上他们家去得勤,常常在一天之内去个两三趟。但这都不是主要的,每到那时候,或是"二加",或是"三加",要不就是小八哥哥,准会来家叫我。

一股子老玉米,就说它是黏的,也值当这么兴师动众吗。还真是的,他们家的那种做法,以及吃法,兴许都没听说过。再者了,到那儿去光是吃去哪,还得帮着做哪,说白了还是个壮丁。

每回到了那儿,制作食品的前期准备都已经完成,鸡汤煮得了,土豆和老玉米也都蒸得了,并且晾得不怎么烫手了。土豆剥皮,这个活儿也已经基本干完了。大伙都把手洗干净,再到这儿来,"大加"发话了。到这儿干什么呢,那还用说吗,掰玉米粒呗。

掰这东西还得细心点,别把玉米骨头碴儿也从棒子上带下来,不然还得一粒一粒往出挑,再一粒一粒往下掰,那可就麻烦了。干这个活儿看似简单,实际上挺费工的,架不住人多,不大工夫全归置得了。下一步就不是我们的事了,那是大孩子们该干的活儿了。

也就在这工夫,从厨房那边传来浓郁的、煮咖啡的香味儿,不一会儿,这几间屋子,整个院子,都在这种香味儿的弥漫之中,连那锅炖得的鸡汤的味儿,都一点儿也闻不见了。

大孩子们干的活儿,就如同《吃主儿》中张奶奶制作玉米三明治,当间夹的那个玉米酱。先把土豆用竹板在盆里压碎了,再把掰得的玉米粒倒在盆里,搅拌几下。炖得的鸡汤用大汤匙扤到炒锅里一些,浮油撇去,随即坐在火上,沸后改小火,并往鸡汤里加几片黄油,待黄油化了之后,再加盐、糖调味,就可以端锅离火了。

把这个汤悠着往装土豆和玉米粒的盆里倒点儿,用竹片搅和搅和,就可以放在搅肉机里搅了。无独有偶,李家也和我家一样,有两个手动搅肉机,看来好做点儿吃的家庭都是此,一个生用,一个熟用。那架熟用的搅肉机,早让那小哥俩固定在桌子上了,就等着开搅了。先用粗绞心搅上三遍,再改用细绞心搅,反复多搅几回。这个难不倒二位,大人都喊停了,哥俩还没过够这个瘾哪。

行了,行了,都盛上,都盛上,桌子上一片小碗,都盛得满满登登。这玩意儿好吃是好吃,可就有一样,不好消化不是。没关系,大孩子和大人一样,一人一杯咖啡,小孩子们一人来杯蔻蔻(巧克力),爱喝清的(清咖啡、清蔻蔻,即原味的咖啡和蔻蔻),就这么喝,没这道行的,就搁点儿糖,个人自便吧。

那是多少年前的事了。现在回想起来,小八哥哥举着糖罐子,让我往蔻蔻里扎糖的情景历历在目。他当时的神态,说话的表情,没有一样不是那么清晰地呈现在我的眼前。而那碗搅和的东西,连同那杯加了糖的蔻蔻,究竟是什么味儿,我是怎么吃的,怎么喝的,这个印象竟是那样的浅薄。

再有,就是每当我步入菜市场,看见摊上码着的黏玉米,就会联想起当年与我家一墙之隔的那块玉米地,和这块地的耕作者,李家的兄弟姐妹。

三一 土 豆

北京人在院子里种土豆是很平常的事儿。但像李家那么种的并不多见。一来，土豆便宜，何必非得自己种着吃。二来，种东西都想图个景儿，土豆有什么好看。秧子长出来，它不爬蔓儿，也不挺立着，就是个扑棱棵儿。不仅如此，秧子的色儿说绿不绿，说紫不紫，还长着好些个细毛儿，和西红柿秧差不哪儿去。

可是，西红柿还挂着果呢，青的、红的，个大的、个小的，熟与不熟，都透着那么漂亮。土豆行吗，枝儿上不挂果儿，根底下结土豆。

它要根底下不结土豆，还不种它哪。说了归齐，还不是怕糟践东西。土豆这东西别扭，买家来了，搁在哪儿好。它又怕冷又怕热，还怕太阳晒。一时吃不了的，兴许就给搁坏了。就是没坏，出了芽儿了，也吃不得了。

现在知道了，土豆要是发了芽，块茎内会产生茄素，或龙葵素等有毒成分。当年不知道这俩词儿，可知道长了芽儿的土豆不能吃。知道这点就够了，也不至于不管不顾吃了它受病。长了芽儿也不能说绝对不能吃,得把芽儿以及周围那一圈儿全挖下去,才能放心用其入馔哪。

若是冷天的时候,还真得这么着,天暖和了,还这样吗,再说了,天暖和之后,土豆芽儿长得还真叫快,几天没注意,跟螺丝钉头似的,大芽儿全滋出来了,这还怎么吃。再把芽儿挖下去,那土豆可用的部分就所剩无几了。干脆也甭吃了,拿它种吧。

种土豆儿也简单。找点柴火,干草也好、碎树枝也好,找个背风的地方,架上几块砖,点火烀吧。北京人常爱这么说,烧两张报纸也说烀,烧点树枝子、劈柴,也说烀。而实际上,哪能烀哇,烀出那烟来谁受得了。之所以烧这个,就是要取得点儿草木灰,种土豆用。

把土豆切成块,切的时候注意,得在块儿上留上一个长出的大芽儿。全切完、用完全冷却了的草木火那么一拌,就可以往土里搁了。先期的准备工作要做好,不能在地下挖个坑就往里招呼。先得用铁锹把土松了,虽说不用筛吧,也要把土里那烂七八糟的硬土块儿、砖头、瓦块儿扔出去,再在松土上挖个坑,浇点水,等水渗下去,再搁土豆块儿,随后用土盖上。弄完之后,再浇一遍水,就甭管它了。

种土豆的地儿可得选好了,背阴儿不行,也犯不上用太好的地,那秧子长出来,实在是有碍观瞻。找个向阳、不碍事的地方也就凑合了,那还用施肥吗,就看是什么人种的了,好这口儿的,不但施肥,还除草哪。随便种的主儿,谁有那闲心,有工夫还干点儿别的去哪。

可是这土豆，别说精心培育的，就是种上不管它，到收的时候，每棵底下也能结出三四个来。哪怕不够三四个，也比种的那块多。多不多搁其在末，起码是没糟践东西。

说起土豆儿，就不能不再次说起李家和李家的姊妹兄弟。在我小的时候，不光是在家做点儿什么吃的、被他们抓了壮丁，一起干活儿，就是他们上哪儿玩去，也没把我当外人，也都叫着我。真庆幸能有这么家儿好街坊，让我一个独生子，体会到了来自大家庭的温暖。有这么多好姐姐、好哥哥伴随着，度过童年，享受人生。

三二　蚕　豆

"九九那个艳阳天来哪唉嘿哟，十八岁的哥哥坐在小河旁……蚕豆花儿香，麦苗儿鲜……"断断续续的这几句歌词，谁都知道，它是电影《柳堡的故事》的主题歌。这部片子的放映时间也忒早了，那时候我才上小学一二年级。

我上小学一二年级，未见得所有的孩子都上一二年级，就比如我们家街坊、李家的"二加"、"三加"。他们家也就是这二位最能突发奇想，想起什么事来，还甭管这事该办不该办，办得成办不成，都得想方设法把它办了。万一真办不成，也算得点儿经验，今后没准还能有点儿用。

再者说，二位姐姐能办出什么不该办的事来，不能够。她们到底要办什么事，就跟本篇开头的歌词有关。"蚕豆花儿香"，它能有多香，谁也没闻过不是，那就种点儿。等它开花了，闻闻香不香。

他们家挺大的耕作面积，每年的种植计划早订下来了，就那老两样儿，要种蚕豆，真找不着地儿了。还是玉爷好说话，在我们这儿找个地方种吧。玉爷的心思我太明白了,这当然是我多年以后揣摩出来的,这么着还不是为了我,街坊的孩子玩高兴了,还不带着我玩,一块高兴。

种这东西不算什么,就是玉爷不搭把手也不算什么,起码比他们种玉米容易太多了。还弄什么垄呀,多此一举,至多把地翻翻,归置归置,把翻出来的零七八碎扔出去、就可以挖坑下籽儿了。

毕竟是从小劳作,训练有素,该除草除草,该间苗间苗,一点儿不含糊,这东西也对得起他们,想想,没多少日子都快开花儿了。

等真开了花,这几位就是另一个样了。它也不香呀,不能说一些不香,哪儿照电影里说的那样呀。这是庭院,那是庄稼地,院子里什么花儿没有,能显出它香来,那不邪门了吗。

虽说有点儿扫兴,似乎没有达到意想中的效果,可毕竟是经过我们之手种的一片作物,瞧它长得多好哇。

还有样好,要是不种它,住在城里的孩子,谁见过蚕豆花开是什么样呀。敢情这东西开花,花瓣黑白相间,也挺漂亮的,花的形状有点像公园里头、为美化环境、常与串红一块摆着的蝴蝶花,就是在色彩艳丽上略逊一筹。

它还能吃,自己种的自己采,种豆得豆,采多少、什么时候采,怎么吃,也是随便。还有看过鲁迅先生《社戏》那篇的孩子呢,她就是本次入馔的技术指导,其实自己种的和外头买的,并无两样,可不知道为什么,吃起来就比外头买的好吃,吃着香。

三三 花 生

在我们家院子里，由我和李家兄妹共同耕耘的作物，可不止蚕豆一样，样儿多了，花生就是其中之一。

花生，还得把它叫落花生，听着多别扭呀，读着也是那么的拗口，可是没办法，书上就是这么写的。今天照本宣科讲故事，由二加当值，书上这么写，她就这么念，我们就这么听。我小，本来听着就懵懵懂懂的，没说什么。三加、小八哥哥早急了，非要把那本画书抢过来看看，姐姐是不是念错了。

这以后发生什么事还用说吗，照方抓吧，怎么种的蚕豆，就怎么种花生。在种之前，这场官司打到大加那儿去了，大加拿出本书来，书上有画，画着花生怎么长的，怎么叫落花生。

嘿，这可好玩儿，不种什么也得种它，看看它怎么往地里扎，怎么在土里就结出花生来了。还有一样得证实的事儿，往里扎结的单说，根底下就一个不结吗，土豆怎么结来着，没准儿根底下也结。这个理念三加、小八哥哥和我坚信不疑。最有意思是二加，她也是这么想的，看来这东西不种都不行了。

科学探索从把花生由土里请出来那一刻,宣布圆满结束。下一步该研究怎么吃了。就有要煮着吃的,也有要炒着吃的,还有要剥出仁儿来,炸着吃的。新一轮的研讨会就此又拉开了序幕。收的多,怎么吃不行呀,好哪口儿就照哪口儿招呼。

那时候毕竟都是孩子,我基本是个看客,至多也就在他们身后跟着转悠,他们可个个都是治馔能手。新从地里起出来的花生,当时就想剥仁儿炸,也得炸得了哇。那么大的水汽,就甭说炸,炒都没法炒。那天的乐子大了,炒倒正规,真是用干锅搁沙子,再把花生下里头,翻炒均匀加热,也得能熟哇。炒着炒着,不是这个炒裂了,就是那个炒裂了,跟影儿还冒热气,等冒完了热气再一瞧,仁儿都蹦出去了,内皮也脱落下去了,里头的净仁儿粘满了沙土,即便是还在壳儿里头,也让沙子糊着瞧不出模样来了。这还能吃,别糟践东西了。

这东西也就是能煮,也煮不出什么好味儿来。先说煮的时候揑口不揑口,按说得揑,不揑煮出来不入味儿。可是揑口,里头的水汽还真大,煮出来脆口儿,也不入味儿。再煮倒入味儿了,都煮粉了还怎么吃。

玉爷高就高在这儿了,从头至尾,怎么个事儿他全瞧见了。操作地点是在我们家,他能瞧着不真着[1]吗,这帮孩子由着性跟这儿折腾,他怎么不管哪,再说了,更简单的办法,把那

---

〔1〕 真着,北京土话,着读著的音,当清楚讲。

些筋节[1]告诉我们不就得了。玉爷还就是没管,什么也没说,等都表演完了,孩子们一个个都傻了眼了,他才掰开了揉碎了逐一点评。

多少年过去了,当时的情景还像发生在昨天,历历在目,那样的清晰,那样的真切。直到现在,我都暗自庆幸,能有这样一位老人,伴随着我们成长。让我们知道,要想让孩子们知道点儿什么,说教不是唯一的方式。

---

[1] 筋节,北京土话,节轻读,内中的原因、奥妙的意思。

三四 洋 葱

洋葱买到家,比土豆好保存,但这只是相对而言。买来一时吃不了,搁着倒不至于坏,往出长芽儿可就管不了了。就是把芽儿齐根儿切下去,它还能再长出芽儿来,再切还长,一点儿辙也没有。

还别等长二茬儿,就是头茬儿出了芽儿,洋葱的鳞茎头就长松了。从挨着芽儿的地方,由里往外松,原先包得挺紧实的、充满水分的鳞片,变软变干,逐渐向外扩展,以致最后那个芽儿,在鳞茎头里都存不住了,成了独立的一根挺儿。从模样看,就说它是棵羊角葱,都有人信。这个洋葱头就算是彻底玩完了。

若是在洋葱长芽儿之后,栽在地上,虽说不是什么上策,备不住能有点儿收获。所谓收获,并不是企盼在根底下还能保住那个鳞茎头,而是或许能收一些成熟的种子。也不是在任何季节种上都能收获,但总有可以收获的时候。有了成熟的种子,再种,就能长出洋葱。

北京人真在自家庭院里用籽儿种洋葱的并不太多。一来它不是观赏植物，种在院子里，能瞧见什么景儿。再者说，洋葱在市场上是极为常见的大路菜，甭管什么时候买，它的售价也很低廉。它和大葱还不一样，从品名上就可以看出来，前头又冠了一个洋字，说明它是从外面传来的。

从外面传来的蔬菜品种多了，可东西和东西不同，具体说到洋葱，北京人并不待见[1]它。记得有段传统相声，说的是其中一位突发奇想，选中了洋葱作为一种美食，而成为噱头，逗人哈哈一笑。为什么会是这样，原因也很简单，北京人认为只有京葱才叫葱哪。洋葱别瞧品名上也带葱字，可它根本不能称之为葱，只不过是一种普通的蔬菜。葱，也就是京葱，在北京人眼睛里，那用处可大了。首先是生用熟用两相宜，在烹饪中，既可以用作主料，又可以用作辅料，还可以用作调料，以及除膻脱腥使用。京葱有一股诱人的辛香辣味，使人食欲大开，堪称是用处极广的入馔材料。

洋葱和京葱不同，那股辛香辣味比京葱强烈多了。若按北京人讲话，这东西味儿冲，冲得让人接受不了。生用，根本没这么一说，只能熟用。别瞧北京人普遍有这样的看法，但另外一些人，则是格外青睐。就比如那家儿街坊李家，也不只是李家，在北京还有很多人家，说了归齐，都是些接受了西方饮食习俗的人家。

洋葱在西餐的入馔原料中，占有举足轻重的位置，甚至可以

---

　〔1〕　待见，北京土话，喜爱的意思。

这么说，如果没有洋葱，西餐中的很多菜肴，根本无法烹制。

比如生用洋葱的经典菜肴，拌沙拉。沙拉要想拌得好吃，做得地道，必须添加生洋葱。它的那股子冲劲儿，也就是那股强烈的葱香，只有用了它，拌出来的沙拉，才会味儿窜，引人食欲。

生洋葱单用，似乎无法被接受，但它在众多配料之中，实际上是起一种推波助澜的作用。正因为具有那股强烈的葱香，才能把拌沙拉中所用的不同品类、不同口感的诸多配料形成的综合口感，调配并发挥得淋漓尽致。这就是各种款式沙拉，必加生洋葱的原因。或是切丝，或是切末，甚至可以是挤出来的生洋葱汁，添加也未见得有多少，但必须得加，当然了，高手治馔加得一定是恰到好处。

正如前面所说的那样，生洋葱在中餐烹制中，还没有这样的凡例。若用它，甭管入的什么菜，必得弄熟了，即便不是炒熟了、煸熟了、烤熟了，也得先用沸水焯过之后，方能使用。这么着还不就是为了把那股子冲劲儿弄下去呀，根本没有把它的特点作为优点，进行发挥。

北京人为了怕糟践东西，往地里栽出了芽儿的洋葱。无非想让那洋葱芽儿活得更长远点儿，也许还盼着能长长点儿，哪天弄下来，做个什么菜给吃了，这样总比扔了好。又有谁是为了打籽儿，再用籽儿种洋葱呢。可那些真好这东西的主儿，比如李家，还就是用它打籽儿。也得亏他们是这样的主儿，让我看见了怎么种发了芽儿的洋葱，怎么收获成熟的种子，怎么种植新的洋葱。地方选得还真好，就在我们院里，曾经种过蚕豆的那块地上。

　　头年收获的籽儿预备出来了，先撒在归置好的菜畦里。等长成一拃来长的苗，往畦里浇水，待水渗下去，再干上点儿了，人就能上畦里，把洋葱苗拔出来了，还得种二回，跟种白薯差不哪儿去。二回种可就不能那么密了，间距怎么着也得一拃宽，容出长葱头的地方来。种洋葱真够麻烦的，事先归置好菜畦，那是起码的，上好了底肥，随即灌水，在水渗下去能下脚的时候，按照间距要求，把洋葱一根一根往土里按，按完了，再灌上些水，让它长去吧。

　　洋葱本是寻常之物，为什么这么种哇，因为他们认为，当然也包括我这个跟屁虫儿，只有这样心里才踏实，什么时候想拌沙拉，都能从地里请出最新鲜的洋葱。

三四　洋葱

三五　菜本味

　　正因为院子里种过洋葱，我想起和兰玉崧先生之间的一段往事。

　　兰玉崧先生是父亲的老朋友，父亲是五四年在民族音乐研究所供职的时候认识了兰先生，并成为莫逆之交。

　　研究所当年隶属于中央音乐学院，兰先生在学院教授二胡和中国音乐史。教音乐史就甭说了，该怎么讲就怎么讲。教二胡有个新鲜的，从来不操琴示范，只是口授，却令学生心服口服。

　　兰先生还有个新鲜的，初次与朋友见面，倘若有必要，只把在音乐学院供职当作自我介绍一带而过，就再也不提与音乐有关的任何事了。去哪儿谈的都是旧学，尤其是诗文和书法，不仅在我们家，在启先生（启功）家、黄先生（黄永玉）家，干脆一句话，在哪儿都是如此。

　　兰先生字写得好，尤其是狂草，出神入化，自成一体，当然这是父亲和朋友们一致的看法。别瞧我临些过日子怀素，兰先生写的什么字,我也认不出来。即便如此,我也没少向兰先生求字,请兰先生治印,真没少麻烦他。

可是要找兰先生玩儿费点劲。那是在八几年九几年,他写字到了痴迷的程度,白天睡觉、夜里写字,一写就是一宿,不把一刀纸写完了不能尽兴。要是进了门,地上都让摊开了写的字占满了,连下脚的地方都找不着。去他家还得把时间把握好了,要不晚上9点之后,要不凌晨5点之前,这俩钟点正是他开工前和收工后的时间,其他时间不能去,不是影响他工作,就是影响他睡眠。

而在这俩可去的当口儿,还常常赶上兰先生进餐。一日两餐,主食无非也就是面包,或是馒头,至多再来杯牛奶。佐餐的菜颇为丰富,都什么呢,胡萝卜、小萝卜、洋白菜、洋葱、芹菜、莴笋、柿子椒、茄子、黄瓜、西红柿、生菜、紫甘蓝。

这有什么可说的,不就是喜欢吃点儿新鲜蔬菜吗。他可怎么吃哪,讲究一律生用,且不加任何佐料及调味品。要是这么吃,新鲜不新鲜。我和兰先生一同进餐的以上鲜蔬,其中有的听着不算什么,可是别人未见得哪样都能接受得了。

兰先生这么去吃,当然是他的爱好。但重要的是,他对于美味有独到的诠释,那就是菜本味,顾名思义,就是蔬菜本来的味道,也只有这么去吃,才能保持蔬菜的本味。

说来可笑,当年李家的兄弟姊妹,倒不是菜本味的倡导者呢,他们个个可以不加任何佐料,生吃洋葱,并视其为美味。我吃生葱头那点儿幼功，就是跟着他们学的。意大利人也不过如此呀，电影《瞎子领路人》就有这样的情节，谁看着都新鲜，可是我们没觉得有什么。我要是没有儿时这段经历，日后和兰先生也吃不到一块儿，所罗列的那几样，最难生啖的就是洋葱了。

三六　鬼子姜

鬼子姜是小八哥带着我种的。它本身没什么新鲜,长出来的秆儿和向日葵有点儿像,就是没有那么大的盘。也结不出什么籽儿来,不是不结籽儿,是结的籽儿不能像葵花籽那样炒着吃。

吃只能吃根底下的块茎,最常见的吃法是用来腌咸菜。至于说营养优于一般蔬菜呀,还有中医认为它能清热凉血,有接骨的功效,这当时我们都不知道。

我们为什么要种鬼子姜,待会儿再说,先说说鬼子姜是从哪儿来的,它是小八哥哥参加暑期学校组织的勤工俭学,上城根挖黄土带回来的。带回来的可不止这一样,另一样是胶泥。胶泥也叫胶泥瓣儿,是北京人对黄色黏土的俗称。因为这种黄色黏土,常混在黄土之中,一坨子一块的,把它单拿出来,用手掰,一层一层地能掰开,层不是很薄,就如同一牙儿一牙儿的瓜瓣儿,故名。

这东西是那时候小孩最爱玩的东西之一,拿回家来,把它搁在一个盆里,倒上水,像和面似的那么来回揣,随揣随把里面的小石头子儿、硬土疙瘩扔出去。而后从盆里弄出来,在砖地上摔。摔之前,得把这块儿地方扫干净,别把别的东西又掺进去。讲究翻过来掉过去、一下一下往地上摔,不大工夫就摔成一个正方体了。成了吗,且哪,且摔不成哪。在摔的过程中,随摔随从泥里把混在里头的零七八碎捡出去,愈捡所捡出去的东西愈小,可是一时半会都捡干净了却做不到。

一般的孩子耐性有限,撑死摔个一下午,就算工夫长的了。可是这样摔出来的泥做点儿东西,直接影响质量,要想摔出高品质的泥,还得费劲回几回盆,再加水再和,弄出来再摔,只有这样才能摔出好泥来。

干什么使呢,捏个小泥人,捏个小兔、小耗子唔的,摆在那儿不也是个物件。可是没有点儿造诣的主儿,要想捏出这几样来,还真是办不到。

别忙,还有种玩法,是个孩子就能玩。当时是有高人,他就想到这一步了。用的什么东西就不知道了,也许是木头,也许是砖,把它抠成一个直上直下的圆扁片,上面有凹凸的画,或是个猪八戒,或是个孙悟空,用胶泥扣在上面,按紧了再抬起来,做成模子。再把模子放入小窑里,烧成陶器,就能上市卖给小孩子。小孩子把泥填在这东西里头,搕打出来可就是个物件了。小八哥哥弄来的胶泥,就是干这个使的。

可是说了这大半天,和鬼子姜没什么关系不是。不能说没关系,他们挖黄土的那个地方,不是庄稼地,也不是菜地,可那地方稀稀拉拉长着鬼子姜。当初谁种的不得而知,也没人收,年复一年都那么长着。把它从土里请出来的时候看见了,也不是很深，怎么就冻不死呢。若是在现在，就没有这疑问了，哪年不是暖冬，下点儿雪恨不能都得人工降雪。当年北京冷啊，就挖出鬼子姜那个深度，早把它冻没了魂了，转过年去，它还能发芽儿。

也就是因为这个，他带回来，叫着我把它种上，看倒是怎么个事儿。他怎么没叫他姐姐哥哥呀，叫了，没人搭理他，没法子，才把我叫去了。都临到种了，麻烦又来了，把它种在哪儿不在话下，归堆也没几个，种在花池子里也就得了。可什么时候种倒成了问题了，也不是那日子不是。

后来他下了决心，就这时候种，只当是在城根没起出来，无非是把场景从那儿移到家里来了。这还不好办，在花池子里找块空地，埋上就算齐了。又生怕秋天往花池子里种九花时把它伤了，特为做了个记号，在那上头堆上点儿土，还扣上个大花盆。

可是小八哥哥和我，把这事儿完完全全琢磨透了，是在几年以后。那时鬼子姜已是院子里的长景儿了。每年也好归置，该挖的挖出来，吃不吃两说，把秧子秆齐腰铰折了，就甭管它了。

该挖的一定要挖出来，若是不挖，个别在土深的地方结的，第二年还能活，土浅的地方长的，一冬天就全完了。真正不怕冻的是它的根部，也就是秧子秆土下的那部分。至于鬼子姜的块茎，让它根深叶茂，收获颇丰，一年做不到。我们种的那个不就是这样吗，留记号侥幸没被冻死，可第二年没长出来。都以为它死了哪，依着小八哥哥，要刨开看看。玉爷没让，说转过年去再看看。果不其然，又过了一年，它才长出来，那真得念玉爷他老人家的好。

三七 山 药

山药也算是蔬菜呀,再者了,这东西也值当在院子里种。可是拔丝山药谁没吃过呀,如此说来,把山药算作蔬菜也不为过,只是在庭院里种,未免就多此一举了。

一来,真种这东西还不是随便挖个小坑,怎么着也得挖条深点儿的沟,沟里的土都筛出来,把里头的硬土块儿、小石头子、碎砖头、碎瓦片捡出来,再回填到沟里去。还得施加底肥,那样才能长得好。怎么,想把庭院改园子是怎么着,指着在这儿收山药。

二来,这东西也爬蔓儿,可它长出来就是一根藤,上头长着一片片绿色的小叶儿,叶片呈犁头状,有什么看头。又开不出漂亮的花儿,就是当景儿看,也没大看头。既是这样,种它干嘛。

敢情庭院里的山药,不是谁有意种的,而是在无意之中,迷了马虎地种在花池子里了。说来都可笑,在有的人家儿,山药在花池子里都长好几年了,还有人不知道是什么呢。

怎么档子事儿呢,以前山药卖的并不贵,而山药上市的时候,山药豆儿也上市了,那东西就更贱了,一毛钱能买个一二斤吧。这东西除了可以做糖葫芦之外,北京孩子爱用它煮着吃,虽吃不出什么太好的味儿来吧,也算是种零嘴儿。

一毛钱买来不少,能一回都煮了吗,煮出来也吃不了。剩下的怎么办,第二天接着煮,头天的还没吃完那,再煮谁吃。再者说,这东西还挡饭,吃多了饭还吃不下了,家里大人不能由着孩子性,让他吃多了。甭管怎么说吧,哪回买都有剩下的,可巧哪个孩子抓上把生的玩去,兴许就扔到花池子里几个。有的浮在土面上,有的就掉到土坑里了。孩子们再上花池子里逮蜻蜓、蚂蚱什么的,赶上踩在哪个坑边上,就把山药豆儿踩到土里去了。如此这般,就在这无意之中,把它种在那儿了。

也有大人种的,为什么种,他也说不出个所以然,无非是这东西买多了,吃不了了,扔了又觉得可惜,干脆在花池子里挖个坑,给它点种在里头,把土一盖齐活。说开了,不是为种它,就是把它扔了,心说了,万一要能长出来呢,也算是没糟践东西。

当初挖坑埋它,就没想着是种,那长不长的,谁还惦记着呀,不几天把这茬儿也忘了。为什么长出秧子来,人们也不知道呢。因为这东西是多年生植物,如果种得深,在冬天冻土层冻不到的位置,就冻不死它。第二年开春,照样儿能发出芽儿来。种山药豆儿第一年长出的秧子,一般来讲,在藤上还不结山药豆儿。即使是结,粒少不说,个头还小,若是仔细观察,倒是也有可能发现。

可是没种过山药,以前也没听说过山药秧子长什么样儿,谁能想象得出它的秧子爬蔓儿，长着犁头状的小叶儿。

院子里的人也一样，大人也好，孩子也好，自小儿就生活在北京城里，也没见过不是。他们就是看见花池子里山药豆儿长出的秧子，也和山药、山药豆儿联系不上。

而且当初不比现在，那个时候某家人住在一个宽绰的大院子里，花池子里长的东西扯了，除了他们种的什么之外，野生的花花草草，谁还一样一样研究它是什么呀。甭管是什么，都是看青的玩意儿，让它长着去吧。不照现在似的，为美化环境，恨不能把杂草全除了去才可心呢，似乎也只有这样，才透着整齐干净。

再说那山药豆儿长出秧子来了，也不能说是山药呀，那是没错，头一年的确如此。把山药豆儿种在地里，地上长什么秧子甭管它，地下的部分在这一年中就长成手指粗细的小山药了。如果冬天没被冻死，第二年开春，还会长出秧子来，秋后地下的山药也会长得更粗一些。年复一年，这就是野生山药的生长过程。

当人们把野生山药驯化成栽培山药之后，就不能这么种了，具体怎么种，我也没种过，不可妄加评论。我想多半还是在秋天，把长成的山药从地里起出来，来年再挖沟，再施底肥，再种。

我虽然没刻意种过山药，都是在无意中种过山药。若是没有这个经历，前头那些个，什么买山药豆儿了、煮山药豆儿了、扔山药豆儿了等等吧，我也写不出来，更不可能知道山药秧子长的什么样儿。

三八 香 瓜

北京市场上甜瓜品种非常多,而且四季有售,整年算下来,总有十了多种。而在以前,甜瓜的品种也就几种,而且成熟期都在夏天,每一种瓜成熟时都有诱人的香味,故此在北京,人们把甜瓜也叫香瓜儿。

夏天正是瓜果下来的时候,捏着半拉香瓜儿,掐着一牙儿西瓜,边走边吃边甩籽儿,这在院子里也是个景儿吧。连吐带甩的,还不能把籽儿甩地上,怕糟毁院子,就一个地方不怕糟毁,花池子,就往那儿招呼。

过不几天,那里的籽儿就发芽儿了。也不是每个籽儿,甚至说不是每个芽儿,都能长成秧子。但总有能长成秧子的,还就在花池子的沃土上,一天天地长大了。但是这样长出来的秧子,一般结不了瓜,即便结了瓜也熟不了,季节管着哪。

如果在吃瓜的时候,特为把瓜籽儿留出来,晒干并妥善保存到来年,在该种的时候把它种上,那就是另外一番景象了。当然要有这番景象,不是什么籽儿都留。首先必得选成熟的瓜,只有成熟的瓜，瓜籽才能熟，才长得出来。品种也得挑，买来的瓜不好吃，用它的籽儿结的瓜也好吃不了。

北京的孩子谁没种过香瓜呀，连西瓜都种过。可这东西不比别的，也忒难种了，您对它糊弄，它也糊弄，那这瓜就更结不了了。往往是费挺大劲，该翻土，该做畦，该施底肥，等秧子长出来该间苗，该灌水，该松土，该打虫，该分条，全都做到了，而且是一丝不苟哇，可是怎么着，它就是不结瓜。也别说它不结瓜，瓜坐得还不少哪，可到了该熟瓜的时候，它就熟不了。

现在想起来，能找出点儿原因。说了归齐，当初种瓜的都是谁呀，我和李家的哥哥姐姐们，孩子有孩子的想法。尤其种的又是香瓜儿，本来就不太爱结的东西，好容易盼着长出一个来，真坐成瓜了，那还不尽力儿保护着，谁又忍心把它疏果儿、掐下去。所以蔓子上只要是结出的瓜，全在原地保留，唯恐哪天照顾不周，再夭折了。每根秧子上都有好几个瓜，哪个瓜它也熟不了。种香瓜如是，种西瓜也如是，如是都强说着哪，西瓜还不及香瓜。香瓜好歹还能结成嫩西葫芦样儿，西瓜不爱结不说，个儿更小，在我印象中，种了那么多年，结的最大个儿的，也就和网球儿差不哪去。

日后下乡去了宁夏，才知道栽培西瓜有个讲究，每年都要换地。这年在这块地上种过了，起码要过个二十来年才能再种，否则西瓜长不好。听说甜瓜也有这么一说，但那里的甜瓜多是华莱士，和北京的甜瓜不是一个品种，我还是喜欢食用北京的甜瓜，对西北的品种不大感兴趣，也就没有太问仔细。

想必是这么回事儿。近年来,时有当年的同仁故地重游,返回我们曾经待过的地方。回来都说,那地方不再种西瓜了,也不再种甜瓜了。这怎么可能呀,要知道我们连所在地、银川近郊平吉堡,当年可是西瓜、甜瓜的盛产地呀,怎么说没就没了呢。看来是所有的地都种过一轮,而下一轮儿的养息期还没到年头儿。

　　那就甭管它了,反正那地方我也不准备再去了。旧貌变新颜,那是不假,可是我见了新颜,势必会削弱以前的记忆。我毕竟在那里待了九年,九年零七个月,有多少值得记忆的地方,就因为我又去了,模糊了,又是何必呢。没必要去还就是没必要去。

三九　西瓜和菊花

近些年,北京市场上的西瓜,可不都是从西瓜秧上结的,就有从葫芦秧上结的,也有从倭瓜秧上结的。当然连同坐瓜的那段是西瓜秧,这根秧接在长在地上的葫芦秧,或是倭瓜秧上了。敢情是人们给它做了手术了。

知道用这种方式种瓜的主儿,在挑瓜时能轻易分辨出来,哪个是葫芦上结的,哪个是倭瓜上结的。前者瓜长得秀气,皮薄光溜。个头不是很大,可长得匀称。瓜瓤水头足,也透着细,美中不足就是甜度差点儿。而倭瓜上结的比葫芦上结的甜,但瓜瓤粗糙,是它致命的缺点。在切开的截面上,能清楚地看到一条条黄色的果筋,布满瓤肉。倘若瓜欠熟,果筋还不至于在口中添乱。可它得熟了才甜哪,那时候的果筋也成了气候了,食用特别影响口感。实际上,这两种瓜都比不了纯是西瓜上结的瓜,差的可不是一点儿半点儿。

甭管怎么说吧,总算是有种不用换地的种瓜方式,也算是一得吧。种西瓜得种一年换一回地,再轮回来,少则十年八年,多则十几年。如若不是这样，不但坐不住瓜，瓜秧还会烂死。而用这种方式，不就是多种几样吗，费点儿劲把它从这段上头截下来，再接到那段上去，呵护长好了不就齐了。

葫芦、倭瓜、西瓜，虽说都是爬蔓儿的玩意儿，毕竟不是一种东西呀，又有谁会想得到，把它们接到一块儿还能活，还能结出那么大的瓜来。如果了解早年间北京人怎么栽培菊花，就不会觉得新鲜了，他们是把菊花棵子上削下来的枝子，接在白蒿根上。

蒿子在北京是一种极为常见的野草，胡同里、庭院中都能见得着，要说多，还是野外。当年，在海淀十间房、音乐研究所的那个大院子里，我们从最早发出嫩叶儿的茵陈蒿上，采下茵陈，送给管平湖爷爷，让管爷爷泡茵陈酒。从艾蒿上采下艾叶，交给食堂的杨大大，他教给我们如何晒干收储起来，那就是艾绒。

管总务的董政叔叔对这两样东西不感兴趣，就注意收集臭蒿子。那东西可真够味儿，难怪蚊子最怕闻。他带着我们这帮孩子，把臭蒿子一棵一棵从根底铲下来，拖到操场上篮球架子那块空地上，再绾成个圈晒着去。晒好了堆到小库房里，夏天蚊子多的时候，这东西可派上用场了。每当研究所院子里充满了臭蒿子的烟雾，我们的小心儿里就会油然而生一种自豪感，毕竟是自己的劳动所得嘛。

我们更喜欢的是青蒿，它的主茎长得又高又直，去除稍顶，劈去旁杈，可以当作射的箭。再一人找一根竹劈，用管平湖爷爷那找来的老弦子，做一张弓，射箭玩。

蒿子就这几种,哪一种叫白蒿呢,刚才说了,老北京人栽培菊花,用的就是白蒿。金受申先生《老北京的生活》中,有一题为赏菊,专门提到了这件事:"北京故老传说菊花有三种种法:(1)原根儿菊花,即花商所说的'老柞子';(2)伏阡儿菊花,即伏天折下花枝所插的新秧;(3)接根菊花,即以蒿子根所接的菊花。"

金先生在这一节中,还详细介绍了具体怎么接根:"接根有两种必要手续,第一,预为培养原根,使多长新芽,并使芽长成长大;第二,要种植'白蒿'(青蒿、籽蒿是绝对使不得的),预取年前白蒿籽粒,分畦种好,培养方法虽不似种菊花秧子费事,但也要用十分力量,方能得到周正的根子。在夏至前后就预备接根了,届时由直上周正的蒿根,齐地面上二寸截去上帽,将菊花秧子斜切取下,与蒿根相接,缚以马兰叶,一星期便已成功。凡善于菊花接根的,能在烈日之下动手,而不令菊花枯萎。"

按他的说法,接菊花没什么新鲜的。可是不知道白蒿是哪种,那籽儿也没法采不是。再说了,老北京这点儿事,别人不知道,管平湖爷爷能不知道,他那么爱鼓捣花儿的主儿。玉爷也该知道哇,还有桂同志,可是他们怎么谁都没露呢?

但凡他们之中有一位告诉我们也行啊,是我们家院子里,还是研究所院子里,准得多一块白蒿畦,夏至前后还有了事干了,一人弄把小刀,咱们也体会体会菊花怎么接。

四〇　黄花蒿

　　人的学问怎么长的，多看书，要不怎么叫"开卷有益"呢，真是这么个事儿。就说写《西瓜和菊花》那会儿，我真不知道白蒿就是茵陈蒿，网上《中国大百科全书》有，谁让没上网查呢，落下这么个疑问。

　　谁又承想，刚为这档子事感慨呢，又添新事了。怎么呢，原来又发现新内容了，这回是《汉语大词典》第十二分册上，"黄花蒿，菊科，一年生草本植物。秋季开黄色花，全草供药用，可提取芳香油或配制农药，夏秋亦可泡作清凉饮料。苗茎可嫁接菊花。"

　　别的都甭说，也甭管入药不入药了，它不就是青蒿吗。青蒿嫁接菊花，不能吧，金受申老先生不是说不能用青蒿吗，干脆再仔细瞧瞧吧。这一瞧还真瞧出点儿门道来，那（1）、（2）、（3）后边还有一句："但前两种都不能令花长得十分高大，花开得太大；而后一种，又非种菊人所欣赏的出品。"关键就是蒿子根接的菊花，非种菊人所欣赏。为什么，金先生没说。想必那是种菊人不欣赏的做法，他们所欣赏的还是纯种菊花。这种猜测对不对两说，从西瓜那儿多少能得到点儿验证，葫芦根也好，倭瓜根也好，哪样接西瓜秧、收的西瓜，也好不过西瓜秧结的瓜。

真有想什么来什么的事儿，还是在《汉语大词典》上，查西番莲的别称大丽花，把大立菊查着了："一种经特殊培养和艺术加工而成的独立大型菊花。其花可以数百朵至三千多朵，扎圈直径可达三米多。植株造型有平面形、扁馒头形、球形和方形等等。为我国园艺技术的光辉结晶。大立菊的培养分扦插和嫁接两种：扦插法是将扦插菊株多次摘心，并加以人工绑扎造型；嫁接法是将菊花嫁接在砧木上（如黄花蒿）上，再绑扎造型。嫁接培育法不但可使大立菊花多，扎圈直径大，而且可使花色更加丰富，是现代培育大立菊的重要方法。"

我总算是明白了，为什么管先生、玉爷、桂同志一点儿没露。不要说他们几位了，就说我还不算是个种菊人哪，听着都不入耳。费劲不小是没错，精心培育也没错，可这么鼓捣出来的东西，可算个什么玩意儿。本篇的题目还别叫大立菊了，就叫黄花蒿吧。

四一　喷壶花

　　董桥先生有一篇文章，提到十几年前，某杂志采访我父亲，说他是放鸽家、斗虫家、驯鹰家，这个家那个家的，足有十了多种。

　　这些毕竟是外人的看法，作为和父亲共同生活了六十多年的儿子，我有自己的感受。父亲从某种程度上说，还是异地移植花木的倡导者，更是执行者。

　　且不说他从湖北咸宁干校回北京时，在托运的行李之外，身边还带着几样活物儿，两株六月雪，一株栀子和二十来株兰草。也不必说五几年上黄山时，愣起出三棵松树，给它们买两张火车票，自个儿站一道儿，保着那三棵树回了北京。还有一回是带着我去的，在后海人家的宅子里，起回矮株竹和娑罗树，从那会儿起，我们家的庭院里又多了两个景儿。

　　就说 1948 年，他上美国，从那儿带回来一种花籽儿种在院里，即使是现在，这种花还是很少，起码在街心公园、住宅小区里都瞧不见。前几年，我在花卉市场上见过，花名儿没记住，那还是用父亲给它起的名,叫喷壶花吧。

喷壶花皮实极了,不仅好种,还好活,自打带回来就年年种,种了好几十年,从来没有间断过。在我下乡、父母上干校那几年,院里还是有,直到九几年我们院拆迁,它才彻底断了种。

这花儿长什么样儿呢,株高五六十厘米,个别高的能长到七八十厘米。花瓣儿紫白相间,窄窄的,长长的,长在花挺儿上。紫白相间是看上去的感觉,实际上,花在初发时是红紫色,绽放的过程中,颜色由深至浅,慢慢变白。长到最长时,即将开败、飘落下来的花瓣,基本上就是白色的了。

它的花柄还挺长,初发时并不长,而是随着花儿的舒展绽放,慢慢地长长。花瓣开败脱落,就结籽儿了,会看见那长长的花柄上,长着绿色的、很细、很长、圆棍儿状的籽荚。它结籽就像是油菜薹,或者紫菜薹,放眼望去,整株花儿映在人们眼帘里的样子,就像是一个正在喷洒着水的高径口喷壶。也无怪父亲给它起这么个名儿,那真是太形象了。

喷壶花毕竟是花卉,一种不可食用的植物,而父亲是个吃主儿,他不仅在院子里种过喷壶花,还种过多种可食之物。在我们这个院子里,吃主儿也不仅仅是他一位,还有玉爷和张奶奶,他们当年办过这样的事扯了。

四二 二月兰

张奶奶和玉爷固然也是吃主儿,也在庭院里种过自己喜欢吃的蔬菜,但我们家的另一位吃主儿,我父亲当年办出的那些迷症事儿,比起他们二老来,那可就得加个更字儿。

二月兰,我以前提起过,不错,要采这东西麻烦点儿,得上公园采去(《吃主儿》)。上公园不是不行,但必得上那儿去不是。若是不出家门,就能把它采着,那是多好的事呀。

好吃这口儿,琢磨它就琢磨得透彻,那是一点儿错没有,真用心不是。敢情这东西硬根,每年还打籽儿,籽荚就跟白菜、萝卜以及那喷壶花似的,若是趁着没裂采下来,种上准活。光采籽儿还不行,就说种上能出,那得长几年才能长成大棵儿的来,刚出的小芽儿不是也不得吃吗,干脆,双管齐下,连采籽儿带挖根儿,把它移在花池子里种。

连香椿树、花椒树,都能从别的院子里移来,更何况这二月兰呢。费点儿劲,用铁锹挖深点儿,把它连根带土起出来,用蒲包儿包上,在自行车后衣架上刹结实了,赶紧往家骑,栽种在花池子事先挖出的土坑里，这么往回带，一次带不回几棵来，架不住天天去挖，天天带，没多少日子，在预计栽种范围之内，愣就栽满了。

说是移栽和采籽，这两样儿不能同期进行。对种花种草稍有了解的人都知道，要想移点儿什么，最好是在春天。采籽儿春天可没有。这二月兰还真不错，没像有些东西那样，到了秋后才打籽，但也不可能是早春。这也倒不错，整个耕耘计划分为两期，甭管几回，甭管多麻烦，总算是完成了。虽说是完成了，却没有达到预期的效果。

移栽过来的它也活了，采籽种的它也活了，就有一样，要是拿它当景儿，倒也凑合能看，可就是稀稀拉拉的不得瞧。用于吃更办不到了，每年倒是都能发出新芽儿来，那叫细，那叫瘦，那叫老，从棵上掐下来都费劲，还甭入锅炒，炒也是白费油，吃口儿那股子韧劲，如同是在嚼草绳子。

这到底是怎么回事儿呢，当然也是父亲琢磨出来的，可毕竟是那以后的事儿了。二月兰是多年生草本宿根植物，株顶棵大的，不定生长多少年了，拿籽儿种，要让它长成那样，那得在多少年以后哇。

移过来的也有麻烦，这东西在土里扎根扎得极深，起它的时候，要想毫发无伤，那得挖多深，带出多大一坨子土哇。用自行车带，一回能带回一棵就算不错，兴许连一棵都带不回来。

若是挖到一定的深度，看看挖出的根也挺老长了，从这儿剁折了，周围带着土再起出来，这倒也行，它不会活不了，父亲就是这么做的。可这么起，虽说能活，但是元气大伤，慢慢恢复过来，没个三五年那是休想。

父亲毕竟不是园艺师，没有把驯化野蔬作为自己的志向。他只是想采着点儿二月兰的吃主儿，与其如此，还别折腾了。要是有那么大劲头，颐和园远不远，八个来回儿也骑回来了，要来那口儿还是那儿吧。至于种上的那些个，也别清除了，就让它在庭院里自生自灭，随便长吧。

这东西也有个邪性的，想让它长得好，它长不好，要是不在意，它活得还挺长远。父亲在院子里种二月兰，那是什么时候的事儿呀，三几年，他还没上燕京那会儿。我四六年出生，记事儿那是五几年，我小时候最早认识的植物中，就有二月兰，还就是当年父亲栽种的旧物。

四三　芦　笋

　　别瞧二月兰没移成，可是父亲移成了一样东西，也是鲜蔬。和移二月兰前后脚，什么呢，芦笋。

　　北京素产芦笋，这当指的是野生芦笋。既是这样，为什么没什么人知道呢，一是分布局限，二是绝种太早，我就没瞧见过。

　　我父亲瞧见过，不但见过，他还采过。在《老舍吃过我做的菜》（王世襄《锦灰堆》）那篇中，就提到过这档子事。在哪儿采的、怎么采的、怎么吃，您看他的书去吧，我就不多说了。

　　但是，我还得引这篇中的几句话，说点儿别的事。父亲在文中写道："我和老舍先生谈起龙须菜来，我说龙须菜是北方的名称，南方叫芦笋。……原来它是野生的，未经土培，故细长而深绿，龙须也由此得名。"您可看好了，我这篇文儿的题目是芦笋，可不是龙须菜，也就是说，父亲当年移植的，不是生长在北京的野生芦笋。

　　芦笋，学名石刁柏，我国原产有野生种，嫩茎瘦小，不供食用。而作为鲜蔬的芦笋是栽培种，栽培技术始于欧洲，已有两千多年的历史了。19世纪末传入我国,最初只有少量地区栽培,到了20世纪60年代后,才扩展到浙江、山东、河南等地。当年作为鲜蔬的芦笋,北京地区没有。

但北京有些人家的庭院里,有一种观赏芦笋,而它正是传入我国的芦笋栽培种。只不过要从谁那儿买来,移种到自家院子里,而且它卖的不是蔬菜的价儿,真好的主儿不在乎这个,更何况父亲还是位吃主儿。也搭上那会儿院子里宽绰,专辟出块儿地方伺候它,还不是什么办不到的事儿。

种这东西,其实和种菜一样,先在地里归置出田垄来。施用的肥料有点儿新鲜,讲究撒盐,只这一样,种出来就是个贵物。

据父亲回忆,当年种植还讲究出白芦笋。随长芽儿随培土,让它在土下生长,采的时候,再从土里请出来。整株质嫩的部分,长约十二三厘米,手指粗细,通体白色,只有顶梢略呈粉红色。

东西是真不赖,就有一样,产量太低,十天半个月都不行,至少得二十来天,才能采一回,每回能收个五六根,就很不错了。

父亲老了老了是有点儿别扭,就这段儿我撺掇他多少回,让他自己写,他要没写什么也就算了,不是《锦灰不成堆》正为写不出几篇发愁哪,说出大天儿来也不写,愣说这玩意儿没多大劲。

他回忆上那家儿起芦笋的时候,庭院里还有几样新鲜物,是什么咱们待会儿再说。那么到底是谁家呢,父亲一口咬定想不起来了,没法子,我也只能写上"不得而知"了。

四四　蛇　莓

　　在上文中，我提到父亲移种芦笋，并提到移芦笋的那家庭院里，还种着几样新鲜物，其中之一就是蛇莓。

　　按北京旧俗，当成水果在市场上卖，其品名叫洋莓，也就是草莓，种在庭院里，用于观赏叫蛇莓。

　　在那个院子里种的蛇莓不只是一个品种，起码有三种。一种就是市场上卖的食用草莓。另一种是真正的观赏蛇莓，结的果儿比一般草莓个大，果型也漂亮，可是吃口儿太差了。它也忒挺实了，甭管熟到什么程度，入口都没有柔软多汁的感觉，根本就是一个死疙瘩，也没有什么甜味儿，也不香。还有一种结果真叫多，明显多于上述两种，果儿倒不那么硬，就是没什么香味，尤其是刚红没怎么熟，要擩到嘴里一个，跟吃青桑葚差不多。

　　父亲连这家儿是谁家都没告诉我，他们家种的蛇莓我怎么知道这么清楚呀。架不住我盯着问。蛇莓虽然在庭院里种的不太多，可这阵势我也瞧见过。那是在八几年，我在复兴门内上班的时候，有一天被领导派出去，给一位先生送信。这位先生住在外交部街那个中学校的东边,路北的一个小巷子里,别瞧这家儿院门不起眼,里头可了不得了。那么大的一个大院子,还不是四合房,院里只有北边有个小洋楼。在那个院子里没别的,步入小楼的小径,全种着蛇莓,从秧子和结的果儿就能看出来,还就是这三种。

我若是第一次瞧见,也不能这么一目了然。在这以前,我不只采摘过、品尝过,还仔细观察过。1979 年赴美探亲,在舅舅家的花园里,看到的就是这个景儿。

四五 枸 杞

　　枸杞也是伴随我长大的一种植物。在我很小的时候,就能在院子里把它指认出来,并且准确无误。

　　院子里的枸杞,显然有从外面移回来的,要不不能有那么多,在窗根儿底下,在院子里的犄角旮旯儿,在花盆儿里、花池子里都长着有。后来我才知道,敢情它们之中的绝大部分,真是父亲从外面移回来的。他的想法很简单,就是想在院子里能采着枸杞头。

　　实际上,这是一厢情愿的想法,连二月兰那种草本的野蔬、移到院子里都长不好,更何况属于灌木棵子的枸杞呢。院子里它倒有不少棵,活也都活着哪,一棵长得好的都没有。每年发出的新芽儿又小又瘦,还想拿它入菜,那袖珍的小芽儿,从棵子上采下来都费劲。再者说少哇,在院子里转遍了,挨棵儿采,也凑不出一捧来。

　　所以好些年以来,它也和院里的二月兰一样,只是种野蔬的活体标本。虽说长得不好,但生命力极强,还没发现有哪棵长死了的。后来怎么着呢，一棵一棵都让我和我的同学从地里请出来炮制药材了，蜜炙地骨皮。

枸杞在我们院儿获得新生，跟这拨无关，而是另有来源。在父亲起芦笋的那个院子里，他还移了一种东西，宁夏枸杞，就种在里院东厢房西边的那块空地上了。倒没把它也做了药呀，哪儿敢呀，那是父亲的心爱之物，也是我们的心爱之物。

宁夏枸杞，是枸杞的植物学名称之一，并非产于宁夏的枸杞才是宁夏枸杞。这么说太复杂，若是往简单里说，只有宁夏枸杞，才算是枸杞哪。而在北京野外挖的那些个，都是野生枸杞。

宁夏枸杞虽说是灌木，但它是直立长着的，能长个一人多高，甚至更高。而野生枸杞，就不能说长着有多高了，即便是在比较特殊的地方，长了不少年了，枝条长得很长了，也是大扑棱棵儿。倘若把它的一根枝条举起来，有可能和直立的宁夏枸杞一边高，但是松手之后，它还会落在地上，根本挺不起来。至于结的枸杞子大小、形状及药用效果，都有明显的区别。

这么好的东西，父亲给它请回家，我们能不善待吗？可也邪性了，俗话说，偏疼的果子不上色，那还真一点儿错儿没有。这东西自打到我们家，倒是一年四季挺立着，也开花儿也结豆儿，可每年结不了几个不说，晾干了哪看得出好来呀，和那野生的也差不多。甭管怎么说吧，院里总算多个新鲜物，也算个景儿吧。

枸杞在我们院儿又一回获得新生，是在 60 年代，我临下乡的那一两年，我和同学看到过一本介绍盆景儿的书，书里说用枸杞也能制作盆景儿。枸杞盆景儿不以枝叶部分作为观赏对象，所欣赏的是它的根部。把游龙戏凤般的根从土里请出来，挖的时候再深点儿，挖出扎在土里更深的根来，栽在盆里，就指着很深部分的根使之成活了。那部分得瞧的根就遗留在土外，成为茎的一部分。

说是简单，如此栽种，它也能活。可是要寻觅看着过眼的，真太难了。太难怎么着，要是不难，玩着还没劲呢。也搭上那时候正是小哥几个体力最充沛的时候，又没事，放暑假了能有什么事。在我的记忆中，那两年，我们差不多把城外该去的地儿都跑遍了。

刚开始挖的时候没经验，长在平地上的，还甭管哪儿，上那儿就挖，挖了半天，一棵能要的都没有。本来嘛，在那种地方，它的根就一直往下长，长多长也是直的。要挖着能使的，得往山上走，尤其是有石头的山，它的根在石头的缝隙中，才能长成那个样儿。

挖这样的枸杞家伙得全，不但要有铁锹，还得有镐、铁钎子、刷子等等。头两样就甭说了，我们带的铁钎子一根是火通条，另一根是父亲逮蛐蛐儿用的、一根短把半扎枪。至于刷子，就是平时用来糊窗户、抹糨糊的那种长柄刷，我们看电影有介绍挖掘古墓中文物，考古工作者用的就是这种刷子。

大野地里，谁给你预备这些呀，都是自己带的，不冤不乐。也别说，功夫不负有心人，真有收获，那几年去过我们院儿就会看见，上房廊子底下，那一拉溜摆着十几盆儿，全是我们挖回来的。

　　后来怎么着，我六五年下乡，下乡之后也有所得，去的又是宁夏，在那儿知道，宁夏枸杞每年要施酸性肥草木灰，只有这样才长得好。两年后探亲，我还备了点儿草木灰带回来了，可是院儿里已经没那棵宁夏枸杞了。

四六　木耳菜

　　木耳菜在市场上是常见菜,可是它在六十年代才进入北京的市场。而我们家五几年就种它,这就有点儿新鲜了。

　　哪儿淘换的籽呢,父亲上湖南采风时带回来的。那是在1956年4月,父亲和民族音乐研究所的同事一行十几人到达长沙,与湖南省文化局共同组成湖南音乐采访队,调查全省境内的民间音乐。采风都做了什么工作,父亲至今还记得挺清楚,而木耳菜的籽儿倒是从哪儿淘换的,他记不清了。

　　记不清记不清吧,这也无关紧要。在院儿里种上,能长出来,长得又挺好,不就得了。真想种得好,就不能怠慢它,也跟种喇叭花似的,用火筷子在地上捅个眼儿,那不成。

　　父亲说这东西在当地也叫藤菜,它爬蔓。得,就种在荼蘼那个竹篱笆边上。在两棵荼蘼的当间,不碍事的地方,把墁在地上的方砖起出来,松土往下挖个一锹多深的坑,土都掏出来,过筛子筛,把里头碎砖头、碎瓦片儿、碎瓷片儿什么的都挑出去,光剩下细土,再回填回去,只剩下一点儿盖籽用。每个坑里倒上多半盆水,让水都渗下去,过个仁俩钟头再下籽儿。

木耳菜的籽儿一个一个小圆粒儿,表皮不光滑,皱皱巴巴的,有点儿像整粒的胡椒,但外皮比它糙,个头儿比胡椒粒大,比高粱米略微小一点儿。一个坑里撒个五六个,匀开了撒,别让它紧挨着,可也别离竹栅栏太远了,怕爬的时候费劲。

干这个活儿人手有富余,父亲、玉爷和我,张奶奶闲不住也来了,"张姐,您就别占手了,瞧着就行了。"这当然是玉爷说的,张奶奶哪听呀,老太太她也得过过这个瘾。

人少好吃饭,人多好干活 。就这点儿活儿,还用那么多人吗,撒籽的撒籽,盖土的盖土,不大工夫就全种上了。没发出芽儿来之前不忙浇水,那半盆水早浇上了,坑里水足够了,再浇多此一举,弄不好再板结了,反而不美。

也就一个礼拜,还是十来天吧,芽儿发出来了,就跟绿豆芽儿上头那两个豆瓣儿似的,只是小多了。不几天又变了,紫红色的茎上,顶着两片心圆形的叶片,出来早的已经这模样了,出来晚的还不是这样。又过了几天,早出来的又长高了点儿,可是丝毫没有要爬蔓的架势,而后出来的也已经长成两片叶片。

现在就采吧,也搭上种的真不少。谁知道这东西这么皮实,那么老远从湖南来的,到这儿愣没水土不服,也太好种了,这一点还真是父亲始料未及的。刚种那会儿,父亲还说哪,第一年种豁出去,咱们一棵都别吃,让它多打点籽儿,明年再种。这么一看,哪儿至于呀,还没有不出芽儿的呢。可真到掐的时候,还是手下留了情了,没敢全部掐尖儿,一个坑里怎么着也留个一棵两棵的。

这东西可怎么吃呢,张奶奶早把它洗得了,就是没敢炒,真没见过不是。"我来吧,"父亲发话了,"敢情就这么炒哇,早知道我就不问您了。"张奶奶心说。怎么炒木耳菜,这东西喜油,油太少了,炒出来寡得慌。或是清炒,或是配点儿蒜茸,用点儿盐、糖调味,再加点儿绍酒什么的,炒出来油汪汪的,有点儿像用油滑出来黑木耳,糯软柔滑,管它叫木耳菜还真是恰如其分。

　　木耳菜长得也忒快了,哪用得了隔三岔五呀,至多两天就够炒一盘的。这还是在最初,往后,长个二三十厘米就开始爬蔓,当是像喇叭花、癞瓜什么的用绳儿引哪,根本不用,它自己就趑摸着栅栏往上爬。到了这会儿,还用得着隔一天吗,每天能采的嫩叶儿、嫩尖儿都掐下来,就够小食堂用一回的,家里哪吃得了这么多。有主意呀,送亲戚,送朋友,也有好看新鲜,自己上门掐来的,这拨儿走了那拨来,可是热闹了一阵儿。

　　也是在那一年,我们家第一次采摘并试炒之后,父亲就特意采了一些上品嫩芽儿,骑车奔了东四八条朱家,给朱桂老(朱启钤)送去了。问安之后,说明来由,亲自下厨为桂老炒上一盘。桂老一尝,那是赞不绝口哇,没说的,以后常往这儿送点儿,派家厨上门去取也行,还叮嘱商讨引种之事。到了第二年,朱家院子里的大紫砂花盆里就长着木耳菜了。

　　谁又承想,当年的一句戏言,日后竟派上了大用场。1961年,桂老九十大寿,在家中宴请周恩来总理,席间那款清炒木耳菜,所用即是从那个紫砂花盆里采摘的。据父亲回忆,当年不只是桂老觉得这木耳菜肉头好吃,二奶奶(桂老之二儿媳)、张学铭

（张学良胞弟、桂老之三女婿），也对这个菜褒奖有加。别瞧这二位都是见多识广的食家，毕竟以前从来没见过木耳菜呀。

桂老设宴，也是赶上了木耳菜正当令。别瞧在院里种着吃着挺长远，可要采摘它还有季节性。一般来讲，夏末入秋，木耳菜就老上来了。虽然一直到秋后临拉秧时，它那长长的茎蔓上，也会不时地发出嫩芽儿、嫩叶儿，但是叶片中的纤维质也一天一天地增多了。这是植物的通性，在自然环境中生长的蔬菜，全是如此。看似挺嫩的芽儿，挺嫩的叶片儿，再怎么精心烹制，也没有早发出来的那么口嫩质滑了。

再过不久，它就开始结籽儿了，初发的是淡绿色的小圆粒，继而变成淡紫色，越长颜色越深。最后肉质的籽皮变为黑紫色，用手一捏，能流出黑紫色的汁水，但里面的籽儿却很硬，用手指根本不可能把它捏碎。

又过了几天，在阳光的照射下，肉质的籽皮变得抽抽了，籽儿的表面也逐渐变得发皱了，此时已经完全成熟，要收籽儿就这时候采。采摘还得小心，倒不必担心捏坏了，它也捏不坏，只是极易从茎蔓上脱落，有时候一碰就掉，那么小的粒儿，掉在地上也不好捏不是。尤其还得小心别扎着手。木耳菜并不扎人，可是别忘了，它是和荼蘼混种在一起的，虽然种的地方不挨着，可爬到竹篱笆墙上，还分得出彼此吗？

四七　菜豌豆

　　要不怎么说是吃主儿呢,要办的事儿,没有办不到的。那是在哪年来着,不是五几年,就是六几年,这回父亲可得了手了,不知从什么人家的院子里,采回点儿菜豌豆来。

　　菜豌豆是软荚豌豆。固然豌豆分为多少种,北京市场上常见的什么荷兰豆、甜豆,甜豆还有大小之分,大甜豆、小甜豆,小甜豆也叫蜜豆,或者甜蜜豆。当然也包括豌豆。可是除了直接叫作豌豆的之外,以上那些样儿都是软荚豌豆。换言之,它们都是可以食用豆荚的豌豆。而豌豆不然,它是硬荚豌豆,是剥豆儿吃的,豆荚不可食用。

　　别瞧豌豆品种有这么些样儿,都是近些年来能见到的品种。以前可不是,也就十来年前,北京市场上就光有豌豆。它分为两种,一种豆荚又大又长,剥出的豆粒也挺大的,叫洋豌豆;另一种豆荚小,剥出豆粒也小,叫本地豌豆。甭管叫它什么豌豆,总还都是豌豆,都是剥豆儿吃的硬荚豌豆,不是软荚豌豆。

我这么说，北京人未必爱听，因为在每年豌豆初上市时，都有不少人吃豌豆荚。先把两头撕下去，再撕去豆荚内壁上的那层硬皮，用点儿油、盐炒炒，那个鲜灵劲儿，美着哪。既是如此，就不应该和我争辩什么了。不是得撕去豆荚内那层硬皮吗，这就是硬荚豌豆硬荚之所在，软荚豌豆皮里没有这层硬东西。

可是在当年的市场上，软荚豌豆真没有不是。北京没有，南方有，上南方出差，或者干脆是南方人，谁还没吃过这么好吃的菜豌豆。就有那有心人，把种子带回来，栽在庭院里，不指着结多少，但总能来口鲜儿，重温那昔日的旧梦。

父亲上的那家横[1]就是这样，本来种的就没多少，让父亲采了这些个，真够面子。那个院儿我没去过，也不知道是谁家，父亲没告诉我，他是不好意思告诉我。本来这次采就问心有愧，再带我来个二回，那像什么话。可是至今我都遗憾，毕竟没见过菜豌豆怎么结的，它长什么样儿。

正因为是难得之物，父亲在家就炒了一小盘，余下的又上八条给桂老送去了。到那儿没别的，和木耳菜一样，自己洗，自己择，自己做出来，端盘上桌，孝敬他老人家。不只是桂老爱吃，张学铭、二奶奶也是一样。这二位可是见过这东西，二奶奶还就是那地方的人，多年没瞧见了，能不对它格外恩宠吗。那几位还都说了，让父亲淘换点籽儿来，在院子里

---

　〔1〕　横，北京土话，大概的意思。

种。可父亲就是没办成，这事儿也就不了了之了。

现在不同了，这东西也没必要种，市场上什么时候没有呀。可是再好买也吃不出以前的味儿来了。不是东西变了，而是人变了。再好吃的东西，要是天天吃，也好吃不了。

四八　豌　豆

一

　　有的时候,人的联想力是相当丰富的。就比如在上篇中,我提到了菜豌豆,从菜豌豆想起了豌豆有硬荚、软荚之分。从而又想起了硬荚豌豆,那种多年来一直生长在北京、剥豆儿吃的本地豌豆。

　　当年别瞧在北京买不着软荚豌豆,但并没有阻止人们品味豌豆这种鲜蔬的机会,这还不都仰仗当年市场应时当令供应的本地豌豆。

　　嫩鲜豌豆,且无论是嫩豆荚,还是嫩鲜豆,只要是选对了品种,选对了最适合人们食用的那个部分,换句话说,无论是菜豌豆的嫩豆荚,或是本地豌豆的嫩鲜豆,它们的美味都是妙不可言。哪样儿不是翠绿细嫩、入口无渣,不仅如此,它们还都具有一股特殊的香气,任何别的鲜蔬所不具备的、豌豆类蔬菜特有的清香,这就是人们喜欢它的理由。

本地豌豆,这只是当下菜市上卖菜的对它的称谓,北京人没这么叫的,就管它叫豌豆。初夏,豌豆初上市,豆荚还不算太鼓,豆粒尚未饱满,淡绿、偏黄,像汪着一股清水,这是最嫩的豌豆。

高档餐馆用它做什么菜呢,配上鸡片,是鲜豌豆烩鸡片,换成虾仁,就是鲜豌豆烩虾仁。再换个素菜,鲜豌豆烩鲜蘑,鲜物配鲜物是在讲的,这样的时令菜,甭说供应散客了,入席也是未尝不可。

家常菜就是另一种做法了。把豆剥出来,鲜姜斩茸,葱白切末,热油大火急煸,加糖、绍酒、高汤,断生后加盐调味,颠翻出锅。碧绿、清香,真是一款不可多得的时令佳肴。剥豆时,连豆荚都舍不得全扔,总要捡那鲜嫩的,把里面硬皮撕净,油盐炒炒,看着多漂亮呀,又有一股清香味儿,来口鲜儿吧。

豆荚一天天鼓起来了,豆粒饱满多了,剥出来的豆已没有汪着清水的感觉了,嫩豌豆的清香味儿也少了许多。高档餐馆的那几款名馔的制作还在进行着。配菜的师傅们就要麻烦点儿了,嫩的挑出来接着做主菜,老的配菜是很好的点缀。

爱吃清炒豌豆的人从这时候起,就得挑那些长得不太鼓的豆荚了,够格清炒的豌豆只有这样才能得到。剥完洗净之后,把豆粒放入水盆里,用漏勺把浮在水面上的捞出来清炒,盆底的豆只能另派别用了。

别用,怎么用法,最好吃的莫过于北京人讲究的烩豌豆了。跟北京人做打卤面的卤非常相似,也是用猪硬肋,或是五花肉,

吃主儿二编

煮出白汤,加鲜豌豆、蛋花、勾芡,成菜鲜香无比,是北京家常菜中,应时按景的特色菜。

又过了几天,有些高档餐馆的菜单上,又出现了一款新菜,叫作莲蓬豌豆。具体做法是鸡脯肉去脂皮、白筋后砸成泥,加鲜菠菜汁、绍酒、猪油、盐,调成稠糊。再用鸡蛋清、掺面粉和干淀粉搅匀,分三次掺入鸡泥中,分别倒入十四个内抹猪油的小酒盅内,在表面嵌上七粒豌豆,中间一粒,周围六粒。再撒火腿末,点缀少许用油菜叶切成的细丝。上笼蒸后,逐个取出,它就成了一个个小巧嫩绿的小莲蓬。面朝上放在大汤碗里,倒上烧开调好味的鸡汤,随即上桌。

一般散客还没这个口福,它必是整桌宴席中的一款妙品。所用的豌豆,就是新鲜的嫩豌豆,但是太嫩的还不行,必须用颗粒饱满点儿的。这款菜吃着软嫩清香,可是这清香来自其他鲜品,至于那有整有零的九十八粒豌豆粒,究竟能有多少清香,也就是谁吃谁知道的事儿了。纵然如此,成菜淡黄之中有碧绿,以及别致的造型,是一款多么漂亮的象形菜呀,谁能不对设计的厨师表示钦佩。

不久到了尾声,几乎没有不鼓的豌豆了。馆子里当然还会用来配菜,但嫩豌豆的标榜看不见了。居家能吃的,也只剩下煮豌豆了。豌豆煮着吃,还就得用偏老着点儿的,嫩的煮出来不香。煮有搁糖的,有搁盐的,还有搁盐再搁点儿花椒、大料,也有什么都不搁白水煮的。另有人把豆粒剥出来,煮烂点儿,讲究用它煮豆沙。

二

北京素产豌豆，就是到了现在，豌豆还是初夏应市。这些年来，家常的烩豌豆还是每年都做，煮豆儿，豆沙也没短了吃。可是有几款应时当景的菜，却是有些年以前的事了。这还说的是在家里，餐馆有所不同。豌豆逐年来越长越壮，只有早拨上市的那几批豌豆中，还混有长得不太鼓的豆荚，要想把它挑出来，可就费了大劲了。故此餐馆里用鲜豌豆入菜，早在十几年前就成了历史。因为这太麻烦了，哪家餐厅又能为这个费时费力。

好在那个时候，荷兰豆已经进入北京的市场。他们除了烹制那款非用豌豆粒儿入菜的象形菜之外，全可以用荷兰豆取代鲜豌豆，照样可以叫座。而必须用豌豆粒儿入菜，可以选用冰鲜豆粒，或是罐头豌豆，一来方便，二来还能保证菜款的质量，虽说吃口儿差了点，外形上也差不哪儿去。再者说，吃口儿还能差哪去，我就用这个做，您爱吃不爱吃是另外一回事。

吃主儿可不认可呀，而且吃主儿讲究自己做，为吃这口儿，麻烦点儿怕什么，早点儿上菜市挑去。那几年菜摊儿上要是来了这么一位，单挑不怎么鼓的主儿，卖菜的太高兴了，备不住他不忙的时候，还在那儿帮着挑。他心里纳闷儿，这位要这样的可干嘛用呢？他还不落忍，必是笑脸相迎，透着大方，还个价、多给点儿是常有的事儿，哪能欺侮外行哪。这要两厢情愿，东西可就好买了。

又过了几年,情况变了。一来嫩的越来越少,二来卖菜的也进步了。甭管挑的是什么,都是他的货,还价多给,根本没这一说,损点儿的认为既然这位能费这么大劲,那挑出来的必定是最好的货。每斤长几毛钱算是客气的,还有翻倍要钱的主儿哪。这东西可太得之不易了。

也就在这几年中,又有新问题了。买回家的豆荚虽说是不太鼓,但它已不是嫩豆荚了,而是豆荚长老之后,混入其内的瘪豆荚。剥出豆粒儿往水盆中一倒,几乎全部都沉入盆底,浮在水面上的所剩无几,就是在家做菜,清炒豌豆也成为记忆中的事了。

甜豆和荷兰豆一样,也是近一二十年出现在北京市场上的,以豆荚供食的软荚豌豆。它产于两广、云南、海南诸省,此物以脆嫩味甜著称,刚进入北京的那几年,只出现在一些南方餐馆的菜单上,其中又以粤菜馆、潮州馆居多。

甜豆不同于北方的豌豆,荷兰豆也如是。它们在南方,一年四季均可种植,一茬接一茬,什么时候都可以随长随摘。故此像甜豆、荷兰豆这样的蔬菜,根本没有时令可言,任何时候出现在市场上,都有最鲜嫩的、不太鲜嫩的、偏老着点儿的。就食用效果来说,生用最佳,炒食加热时间不宜过长,才能保持其脆嫩。

但是甜豆的嫩豆和豌豆的嫩豆是不同的。首先是口感不同,甜豆脆嫩且甜,少了嫩豌豆那股子清香味儿,它的豆皮也比豌豆厚且韧。豆荚里以及豆粒儿的形状,都和豌豆不同。

豌豆的嫩豆粒儿长在豆荚中,并没有明显的豆柄连接在豆荚上,剥出来的嫩豆儿滚圆滚圆的,也不会带着明显的豆柄。用来炒食,糯软清香,入口即化,并没有什么异样的感觉。而甜豆的嫩豆粒儿,看上去是呈水滴形的,每粒嫩豆上都长有一根看上去相当明显的豆柄,与豆荚相连,把它从荚内剥出来,豆柄连在豆粒上。同样炒食,可就没有入口即化的感觉了。且不说它的豆皮偏韧,就是每个豆子上的豆柄,咬,咬不碎,嚼,嚼不烂,在口中这通儿添乱,就够人烦的。故此,虽然甜豆在市场上出现了,那款久违了的清炒豌豆,还是记忆中的美味。

吃主儿二编

四九　蛇　豆

在北京叫蛇豆的,有过两样东西。

现在在市场上,谁不认识蛇豆呀,它是一种优质扁豆的品名。豆荚比架豆肉头,比绿龙嫩,尤其是大棚里头儿茬采摘的上品,齐刷刷的又细又长,就是用手拿都得加点儿小心,不经意兴许就能把它碰折了。这样的嫩豆,非得是有烹饪经验的主儿来归置吗,不用,是个人就能做挺好,吃着都顺口,食用效果极佳。北京人真好福气,自打它最早出现在市场上,至今有二十来年了吧。

现在还有,可是轻易见不着了,三十多年前就轻易见不着了。我说的这是什么呢,也是蛇豆,它也是一种鲜蔬。只不过,它不是扁豆类的蔬菜,而是丝瓜类的,学名就叫蛇瓜,也叫蛇形丝瓜,或是长栝楼。因为是从印度传入我国,又叫印度丝瓜。

正因为现在还有,一定有人见过它。它比丝瓜长,不是现在市场上的丝瓜,当然它也比丝瓜长,长多了,比北京人爱在院里种的线儿丝瓜长。线丝瓜要真是在架子上结的,下头再坠上块石头子,还不得有个八九十厘米长呀。可蛇豆更长,两米都不新鲜。

这东西模样倒真是像丝瓜,就是外皮没那么绿,上面像是着了一层白霜,挺厚又挺腻,擦也擦不掉,掸也掸不掉。和丝瓜不同,里头长着豆哪,一个一个的豆,要不怎么管它叫蛇豆呢。长的方式虽然和扁豆不同,但结的籽儿确实是豆,和丝瓜结的籽儿根本就是俩东西,也对,它又没叫丝瓜,不是叫印度丝瓜吗。

蛇豆作为鲜蔬,不是不能吃,在它还嫩的时候,里头的籽儿还是个挺嫩的小嫩豆,把它切成片,或炒或做汤,也还吃得过,只是没什么太好吃,总觉着有股子青气味。

既是这样,为什么院子里还种它呢,因为籽儿来得珍贵。父亲的朋友,一位摄影师,在一个偶然的机会,成为印度文化代表团《沙恭达罗》剧组的陪同,那蛇豆籽就是剧组人送他的。他知道父亲好种,干脆送来了,这么来的,能不善待它吗?就这么着,在我们家院里,靠南边那个花池子里,年年开地年年种,年年搭架年年结,也是那些年院子里的一个景儿。

五○　西番莲

　　无独有偶,在北京不光是蛇豆,叫一名儿有俩东西,西番莲也是。

　　近些年来,人们知道西番莲是产于巴西的一种热带水果。它虽然没有进入北京市场,但是北京卖过用其原浆加工制作的果汁饮料。

　　在 2000 年以后,大约是牵手品牌吧,曾推出过含有西番莲汁和其他果汁制成的什么饮料。再往前,方庄家乐福开业不几年,在货架上有法国原装进口的浓缩果汁,除了石榴汁、薄荷汁之外,还有西番莲汁。

　　在我的记忆里,最早听说西番莲是一种水果,那是在 90 年代初。刚刚改建的新侨饭店一层咖啡厅,卖进口的新式台式电动刨冰机制作的刨冰,在刨冰上浇的十来种果汁中,有好几样从来没听说过,像什么车厘子、蓝莓、红莓、布朗等等,也有西番莲。

　　在 90 年代以前,北京人还真不知道西番莲是种水果。提起它,人们一定以为是种花名。它开花挺大朵儿,费点儿心培育的,开的花还不得有个大号的面盆那么大个儿。开的色儿也多,红的、白的、粉的、黄的、紫红都有。还有一朵上俩色儿的,分得可够新鲜的,一朵花,圆的,中间一刹俩半圆,一半黄、一半紫,或是一半白、一半紫,整整齐齐,真跟刀切的似的。这样的花儿有个专名,"二乔",不用说,是取《三国演义》中大乔、小乔的典故。

那些年,可算是西番莲在北京的鼎盛期,一时间人们都爱养这东西。这位种出这个色儿的,那位种出那个色儿的,说这位、那位,未免牵强,还不是各位都有采花粉的蜜蜂在帮忙,由花粉直感而产生的,花色繁多,争奇斗艳。

按说这还不得发扬光大才是,怎么竟销声匿迹了呢,说完就完了,也没人养了。又过了几年,再提起它的名儿,还都说是水果,真是不可思议。

若是这样,还不如让它跟以前一样,就开那两色哪。虽说是不漂亮,总能有个延续不是。我说这样的西番莲,小岁数的人没瞅见过。那是在五六十年代,西番莲还不像后来能开那么大朵呢,怎么着也比后来的小个两圈儿、三圈儿。开的色儿也单调,通常就是紫红色一种,至多有个别开的朵儿,最外圈花瓣儿尖上是白色的。倒也是一朵俩色儿,虽然与众不同,但也称不上漂亮。

当年西番莲还没有什么典故的好名儿,不过它真有个别称,叫白薯花。这名儿起的,真不怎么样,可也别说,还是挺形象的。因为它的块根,简直就跟白薯长得一样一样的。

入秋了,一天比一天冷了,这东西也该从花盆儿里起出来了。找个大花盆,用块儿平点儿的瓦片给眼儿堵上,往里盛上点儿土,把从各个盆里起出来的西番莲,全搁在里头。再楦上土,盖严了,往屋里不碍事的地方一搁,就算齐了。有个事儿还得多费几句话,这个屋子得有火,但搁的地方不可以挨着火,必得是离火挺远。这东西怕冻,也怕热,习性也跟白薯一个样。

北京人种它也有个意思,尤其是院子宽绰,大点儿的宅子没有种三棵五棵的,都讲究一拉溜十棵八棵的。用的还都是一边大、同样的花盆儿,那就是在四五十年代市场上,特别好买的、一种产于广东石湾的绿釉陶盆。用这种盆儿有个好处,西番莲花色单调,用绿釉配色,凑到一块儿还挺得瞅的。

那么,西番莲原来是什么地方的花呢,从花名就知道它不是本地货。可西番倒是哪儿呢,《中国烹饪辞典》上说它有个别名,叫天竺牡丹。而在《汉语大词典》上说原产于美洲。问人就更热闹了,也有说是欧洲的。嗐,爱哪儿的哪儿的吧,反正它传入中国,颜色单调的也活过,绚丽缤纷的也活过,现在这股风儿过去了,没准儿哪天它又时髦了,风靡全国了。这事儿不是没可能,是太有可能了。

五一　松　树

小时候,我就读于内务部街北京市第二中学。出校门往东,走不多远,就是我们班主任董老师住的那个院子。有一回董老师生病,我和班上同学一块去过。

那个院好记,是个人就走不错。路南的门,从门口进去,顺着过道往里走,根本感觉不到是在北京城里的民居院子,分明是走在乡间的小路上,一拉溜长着八九棵松树,高矮、粗细、疏密程度,无不宛如山林中的景象。

我们家院里也有棵松树,听玉爷、张奶奶说,还是我祖母的旧物,原是为了取寓于松竹高友而栽的。那棵松树说不上有多粗,笔直笔直的,有一房来高吧。它的左边是三五棵翠竹,也挺高挺高的,像是跟它赛着长似的。在松树的前面,戳着一块约莫有五六十厘米高的太湖石。这三样儿凑到一块儿,还真是个景儿。若是走到跟前去,还能发现在太湖石边上,有两棵马莲,很不起眼地长在那里。

这个地方一直挺清净的,我也不怎么上那儿玩去。可当我上小学二年级的时候，知道什么叫琥珀了，没说的，下了学带上一帮同学，就奔松树去了。拿削铅笔的小刀在树上划口，盼望着能有松油子滴下来，罩上会飞的小虫。会飞的哪罩得住哇，没挨上它就飞了，蚂蚁不会飞吧，罩上一只也不是那么容易。总还是有吧，有也白搭，谁能像捏滚珠儿那样，把它捏起来，谁也办不到。真能捏也没用，它要变成琥珀得多少年哪，又有谁能赶得上。

在北京的院子里，栽树的太多了，可种松树的不多，包括柏树。我参加工作以后，才影影绰绰地听人说过，只有皇家园林、寺庙，或是阴地，才有松树、柏树。人居住的院子里，不能有这两样儿。北京这地方人多，主意也杂，讲究什么的都有。信则有，不信则无，我们这些个院子里有松树的人家，生活不也是挺好吗。

五二　松树盆景

有前贤说过"中国盆景追求的是畸形美"，也是啊，好端端一棵大树，生长在沃土中成不了盆景。它必定长在乱石相夹的贫瘠地带，不光如此，还有砍柴的砍它，来往的车轧它，猪啃、牛啃，备不住还能被山上的滚石砸过，被雷劈过，洪水冲刷过，也只有这样，才可能成为桩子盆景的坯子。

它真成为盆景，还得经过一道手。要有明眼人瞧见，有心移回来，它没死，还能缓过来，这事儿就成了一半了。另一半也够麻烦的，要逐年剁去须根，主根也得在保证树能成活的条件下往小了去，目的是将来能栽到盆儿里。

以松树为例，真要长出像样的桩子，其老本怎么着也得在百年以上，甚至二三百年。现在若有这样的，那还了得呀。但在 50 年代，这东西虽说也不便宜，但总是有。我上小学五年级那年，父亲上黄山玩，带回三棵黄山松的盆景，自己在火车上站了一道，护着仨盆儿回来的。那三棵黄山松，就是从山上移下来，装在盆里的盆景。

喜欢花儿的人多，养花儿的人也多。可不知为什么，有些事儿常常以讹传讹。就比如说桩子不好养吧，尤其是成气候的老本百年以上的老桩子。这话谁爱信谁信，反正我不信。本来嘛，我们家那三棵松树，自打来了，每年不都是安安稳稳过来了，没病没灾，也太皮实了。后来"文革"了，房子少了，它才寿终正寝。

这东西好养至极，以前院子里宽绰，在院子当间儿，用砖草草砌成个方垛子，把松树稳稳当当坐在上头。若是院里有汉白玉的须弥座就更好了，直接摆上头也就齐了。这东西我们家没有，仨盆都是坐在砖垛子上，不是紧挨着，空当儿不小，疏疏朗朗，还挺好看的。也就是砌垛子累点儿，把它请到那上头去，基本就不用管了。除非老不下雨，给它补点儿水。用喷壶洒上点儿就行了，千万不可没完没了地浇，用喷壶也得在太阳落山之后。

入秋了，人又该忙了，到深秋的某日，又该把它请到廊子底下去了。就抬仨花盆怎么说得上忙呢，敢情还得归置廊子哪。我们家里院上房的廊子凹一块进去，约莫有个十平方米吧，齐着廊子，用木头搭一个隔扇。上房的门也不走了，锁上它，外头就成了一间向阳的小屋子。木隔扇和墙结合得非常严紧，绝不会透风。木棱子做的隔扇够尺寸，立在那儿纹丝不动，整个隔扇是榫卯结构，无论哪面糊上高丽纸，都是拔直的平面。把松树盆景请这里头来，冬天就是再冷，也是安然无恙。

话往回说，老桩子好养，那是在以前，真有宽绰的院子，还能把上房正门给舍了。现在行吗，就说住公寓，住别墅，什么样的房子也如是，要把正门舍了，还找不着进去的地方了。一般的人是想不出辙来了，可是事在人为，当年父亲能只身一人，把三棵松树盆景从黄山脚下护着运到北京，如若再有这样的迷症，他还会这么想、这么做，怎么会养不了这东西呢。

五三　兰　花

北京人种兰花有年头了。从我记事起，我们家院子里就有兰花，一盆一盆，总有个二三十盆吧。

这东西要买也不难，城里随便个花店，什么隆福寺街、东单、崇文门，四季有售。可是大夏景儿天，它也不是开花儿的时候，谁买呀。要买就得在冬天，还得是长出花腱子来，也就是待放的花蕾，那才有人买呢。可是也有人说，花店里卖的是一遭儿烂[1]。说花儿也就开这一回，转过年去，就再也开不了了。而且它是带着腱子，正好借着多要钱。

而实际上，在花店买还就是贵，就是得多给俩钱儿，是不是一遭儿烂，咱们待会儿再详谈。有个地方买的便宜，厂甸。每年厂甸上都有背着竹筐，裹着麻袋，南来卖兰草的。怎么不说兰花了，一来这东西本名就是兰或兰草，之所以叫兰花，是为了好听。再者，这帮南方来卖的兰花，不能说没有带腱子的，有也显得很

────────────

〔1〕　一遭儿烂，北京土话，一回就完的意思。

瘦小,或者根本没有。别瞧就这货,他还有的说,说什么这是移来的东西,不能带大腿子,带着移来活不了。就是带着,也不能指望今年开,买回去栽在家里,得让它缓一年,要想赏花,从明年开始,那是年年有。是不是这么回事儿呢,一会儿和那个一齐说。

我们家的兰花,就是这两个地方买的。且不说玉爷和桂同志,因为他们对于兰花的认知是来自我父亲。至于我父亲,这位善于异地移植花木的专家,种兰花又有何难呢。在我们家,甭说他们了,就是我从旁观者到参与者,一直也没把鼓捣兰花当成是什么了不起的事儿。兰花,或者说兰草,有什么呀。在《吃主儿》中,我写过一些,无非说的是将入冬时,就要把兰花移入不生火的冷屋子里,让它在那儿慢慢长,憋腿子。等快过春节了,选上几盆,请出来,放入人住的屋子里,高几、条案,这儿了、那儿了,就等着它开吧。

开过之后,《吃主儿》上没说,我接着说。先随便找个地方搁着,就别回冷屋子里去了。热了再受冷,备不住能死了。找个不碍事的地方,床底下、桌子底下、墙根儿都成。等春暖花开,这东西该往外请了。但是之前有一样重要的事情必须得做,翻盆。

翻盆往往在春节过后十天二十天,屋里还有火哪。在屋里找个比较宽绰的地方,地上铺上几层报纸,把事先托朋友、从南方山上挖来的、含有大量落叶等腐殖质的土,倒在报纸上,预备待会儿往兰花盆里搁。

那边把一盆兰花搲出来,用木质或骨质的裁纸刀,或是小竹片,把根上的木须梳落下来。再检查根底下有没有剩一短截的断叶梗,用剪刀一一剪去。因为兰花爱长一种虫子,叫兰虱,也叫白粉虱,兰花爱长,太平花也爱长。太平花长,顶多开花受点儿影响,兰花要长,就能给拿奉死[1],剪去基本就算是手到病除了。

再把土换上,土里有兰花需要的养分,它长得壮,抵御病虫的能力也强了。还有,在回填土里放上木炭块,有了它沥水。要知道,兰花在北京那是花,还是种娇嫩的花,可在南方产地,它就是山上的野草。生长环境就是有石头有土的地方,根条让这些乱七八糟的东西支棱着,沥水是很方便的。到了北京入了盆儿,盆里的土倒是多哪,却能把根沤烂了。添上木炭块,恢复它适应的生长环境,能长得不好吗。

只有做完了这步,往出请才没有后顾之忧。请出来搁哪儿呀,庭院里好有一比,成罐的蛐蛐搁哪儿,它就搁哪儿。甭管多大院子,这东西也得搁在南墙根、背阴的地方。蛐蛐得喂,哪个不喂准死。兰花可就省心了,搁那儿就甭管了,任凭风吹雨淋,一夏一秋,施肥更是画蛇添足的事儿,绝对不能有。水能浇,老不下雨就得浇点儿水,但必得在太阳落山之后。并不限于兰花,庭院里的一切花草树木,要想浇水,都只有这时候。

我们家的兰花,都是年年归置年年开,买的如此,挖的也如此。父亲那几年干校真是没白去,回来的时候,行李里除了有盆

---

〔1〕 拿奉死,北京土话,当摧残至死讲。

栽的栀子、六月雪、倒栽竹之外，还有二十来棵兰花。可是我们家没那么大地方了，只留了几棵，余下的全送人了。甭管剩几棵，年年的归置也照样少不了，比以前更方便，咸宁的土也随着行李包运家来了，木炭好找，哪儿都有卖的。

也是在那一年冬天，翻盆那几天，我天天把剪下来的兰花残枝放在垃圾桶里往外倒。那会儿倒土就倒垃圾堆上，等着土车来拉走。谁倒了什么，旁边的人那是一目了然。那两天也怪了，倒土时总觉着有双眼睛盯着我。那人文绉绉，戴副眼睛，一身棉裤棉袄，推着辆自行车，看眼神似乎想问点儿什么，可真跟他对上光了，他目光又闪开了。我可没那份涵养，干脆问问吧，倒是怎么档子事儿。

敢情这位是兰花迷，在中国社科院工作，好养兰又不会养兰，也刚从干校回来，带着若干挖回来的兰草，生怕养不好给养回去了。那天从这儿过，看见我倒土及桶中之物，惦记什么什么上心，一眼他就瞧出来了。要不怎么是做学问的主儿呢，说点儿什么磨磨叽叽，早问不早知道了，何必天天这时候赶点儿呢。

他今儿个运气不错，跟我说话这会儿工夫，正赶上我父亲出门。打这以后，翻盆有了第二战场了，东堂子胡同、二十四中斜对过、有二层小楼的那个院儿。我也得去，帮着驮咸宁带来的土。

想起来也怪可笑的，爷俩骑着自行车，带着这个，带着那个，在南小街上招摇过市，跟打狼似的。上人家去，忙活儿半天，连热水都顾不上喝，还挺痛快，真可谓是不冤不乐。

五四　灵　芝

　　灵芝，作为商品出现在北京的药铺里，不过是二十来年的事儿。在此之前，药铺里的灵芝，只是个摆设，甭说不能出售了，就连是不是真灵芝都两说，很可能就是块红木，或是紫檀木的雕刻品。

　　在人们的印象中，灵芝已超出药的范围了，而是具有起死回生之功效的仙草。《白蛇传》里的小青，带着宝剑，冒死盗回来的不就是这东西。谁又承想，在 80 年代，它竟能出现在药铺的柜台里，每株才卖个三五十块。人们疑惑了，它能就卖这个价吗，后来一打听，敢情这些都是人工培育的，一株野生的没有，怨不得卖得便宜哪。

　　药铺的也说了，真正医效好的，还得说是野生。嘿，那敢情好，干脆咱们一事不烦二主，再问问它怎么用。人家说了，主要是孢子有疗效，除了对付糖尿病、冠心病、高血压、肝炎、慢性肾功能衰竭、慢性支气管炎、支气管哮喘、胃炎、胃溃疡等等吧，都有辅助疗效之外，还能抑制癌细胞。

包子，它能做包子，是包子皮还是包子馅，真做出来，谁又咬得动。说这话的主儿，纯属起哄，他也没法不起哄，一个从小生活在北京的人，又没有什么特殊的经历，谁见过野生灵芝呀，那根本不可求的东西。

可是话也不能说绝了，真有见过的主儿不是，不然的话，他也犯不上跑到药铺去舍那个脸。这些人不只是见过，家里还存着有，趁个三五株、七八株的，都不值得一提，甚至可以这么说，家里存着几十株、上百株的都大有人在。他们都是些什么人，又是在哪儿得到的这些个野生灵芝的呢，细说起来，简直就跟个笑话差不多。

先说那些个趁野生灵芝的主儿，他们都是在"文革"期间，赴湖北咸宁干校的五七战士。提起这个词儿，现在听着耳生了，在当年，那可是太普通的词儿了，凡是上干校的主儿，全是这个称谓。

五七干校恨不得哪个省都有，可就是咸宁干校所在地出产野生灵芝，当年文化部下属国家文物局、文物研究所、故宫博物院等机构的五七连队，七、八、九连的所在地。

那地方自古出产野生灵芝，当地农民没有看中这东西的，干脆一句话，这东西没人要，属于自生自灭、无人问津的玩意儿。自打有了干校，可就今非昔比了。这些人有学问不是，看见丘陵上愣长着这东西，那还不采。

采可是采，还不大容易。看来谣传它是仙草，那是一点儿错没有，凡是长灵芝的地方，在它的左近都有毒蛇盘踞，这是为什么，无人知晓。什么蛇呢，常见的无非有三种，分别是金环蛇、银

189

五四 灵芝

环蛇和响尾蛇。最值得一提的,是那末一种,在他们以前掌握的知识里,还真不知道我国也有,知道不知道单说,这东西看着,还真瘆得慌。

没过多少日子,弄灵芝的主儿就分为两拨儿。一拨是身临其境的主儿,按他们的说法,干这个还得自己去。去的时候巴不得碰见蛇,怎么呢,原来那几位都是广东人,好的就是这口儿。采灵芝对他们来讲,那是副业,或者说,因为有灵芝的存在,才使他们方便找到蛇的。

那么又如何发现灵芝呢,没采过灵芝的人是体会不到这一点的,采灵芝比采蘑菇容易多了。虽然也可以把灵芝看作是个蘑菇,但它的菇伞是类似于木质的那么坚硬,另外是它的色泽,伞盖的表面像是着了一层蜡,紫红紫红的,在绿草之中格外醒目。不仅如此,在晨曦太阳尚未升起的时候,它的伞顶上尚有露珠。倘若此时就站在丘陵上,等着那初升的太阳慢慢升起,阳光照耀在灵芝伞顶的露珠上,那是一目了然,一采一个准儿。而对那些广东人来说,是一逮一个准儿,在逮蛇过程中,哪怕把灵芝毁了都无所谓,逮蛇才是最重要的事,先能解馋不是。

另一拨人,即便是身临其境,也没有敢在那时候去的。为什么,从驻地到丘陵,在那段路上,太阳还未升起来那,谁敢去呀。真要去,也得等到中午,一个人还不敢独自前往,少说也得凑个三五人。去之前都得换上长裤,把裤脚扎好了,口袋里揣上季德胜蛇药,防患于未然。另外,每人必备长竹竿一根,随时敲打着地面,打草惊蛇。蛇要是真跑了,那就各不相扰了,要是没跑也没关系,用竹竿一挑,把它甩得远远的,也能采着灵芝。

可是每次这么采,收获甚小。有这样的时候,仨人去的,费半天劲就采着俩,给谁不给谁,还说不清了。也正是在这种情况下,有高人了,找个熟悉的老乡,给他两根烟抽,再塞上三块两块的,请他下地干活时,给寻摸这玩意儿。这招还真奏效,没过多少日子,这位的收藏量还真见长。

那本是个民风淳朴的地儿,今天有这事之后,情况慢慢就起了变化。一是有人知道这事儿之后,把两块变成了五块,他得抢先手。二是农民也回过味来了,敢情北京人爱要这个,一传十,十传百,给钱采都不行了,讲究摆摊卖了。这还好得了了,也就在一两年之内,这东西轻易采不着了。

要说都采不着,也是言过其实。一来这东西在那儿不少,二来干校的主儿收这东西,主要是当景儿看。挑选严格极了,恨不得以收购文玩的标准,又得够个儿,又得形好,有虫蚀、有破损、长得不周正的,一律不要。

又过了一年半载,情况又变了。干校去的人越来越多,收这东西的主儿也多了不少。尤其是那些后来的主儿,没抢着先机,就是再想方设法,真弄到手的东西,也没有几株上品,于是降低了标准,不吝大小,只要形儿说得过去,不蚀不坏,他都要。这样一来,无形中又扩大了商品范围,真正自己去采的主儿,可就收获更少了。

七几年,我赴咸宁探亲、看望父亲的时候,那东西已经很难采得到了。有干校的孩子们陪着,破出两三天工夫,把方圆七八个丘陵都转遍了，才找着两个残缺不全的灵芝。等回来父亲还说我运气好哪，采集的困难程度可想而知。到父亲他们从干校回来，听说那地方已经绝种了。

灵芝属于担子菌纲的真菌，凡是这东西都以孢子繁衍。千百年来，也许在那块土地上，特别合适它的生长，也许它的生长从来未受到人为的干扰，在相当长的时间，那个地方一直盛产此物。干校在那儿才多少年，满打满算也过不去十年，也就在这么几年之中，这东西愣在那儿绝了。

可是退一步说，当年在干校收集这东西的主儿，毕竟是作为收藏品赏玩，它才可能保存下来。在几十年后的今天，倘若去有些人的家里，还能看见他们在咸宁弄回来的灵芝，且无论是不是自己采来的，也都保护得好好的。当年若是知道这东西有药用价值，兴许现在上哪儿都见不着了。

五五　栀子和六月雪

"举世多植藜，而我学种栀。"（梅尧臣《植栀子树二窠十一本于松侧》），梅尧臣也要学种栀子了。

种栀子还用学呀，种六月雪也不用学。从咸宁干校回北京的人，从那儿带回栀子、六月雪的主儿扎了。

栀子、兰草、六月雪，八哥、灵芝、糖桂花，是他们最爱带的老六样。这六样里头，只有糖桂花是入口物儿，咸宁地区在讲的一种特产。人们做年糕、元宵、澄沙包、酒酿圆子等食物，必搁的一种不可替代的配料。而那五样，可以讲都是玩物。

兰草、灵芝，我在另篇儿上讲过了。八哥比较特殊，想带的人不少，真能带回来的没有几位。因为能带的，都是自己逮的。他们多是后来探查马王堆墓的那批文物工作者，也就是毕业于南开大学化学系、文物局化学组搞碳14测定的那拨儿人。他们在干校，都分配在机耕队。也正因为在机耕队，才有闲工夫逮八哥，逮的法儿还挺绝，不愧是学化学的出身，用药。

经过测算，选用一定数量的敌百虫，稀释后用其泡馒头，再诱使八哥食用。中毒后用解药把它救活，养在笼儿里。说着简单，但凡算错一点儿，不是吃完了飞了，就是救不活了，不凑巧再逮个母的，不会叫，那都是常事儿。

相比之下，也就是本篇介绍的这两样，太容易了。无非是扛着把锄头去路边、山上随便转，看哪儿合适，至多费点儿力气，把它起出来。回来随便种上，再起再种，折腾多少回也死不了。

栀子是常绿灌木，或小乔木，叶子对长，长椭圆形，有光泽。春夏开白花儿，香气浓烈。夏秋结果实，刚开始为青绿色，成熟时变成黄色，果实可作染料。六月雪也是常绿小灌木，开花儿在夏秋时节，也是白色，开起来星星点点满枝头，无怪有人管它叫满天星。

栀子根本不用学栽，六月雪怎么着，按北京人讲话，就得加一个更字了，也忒容易了。自打带回这两样儿，就全把它栽上了，哪儿，花盆里头。也别说，现在这个院里的花儿，比不了以前，"破四旧"破的，尤其是盆栽的少扯了。可花盆多呀，贴南墙一大摞哪，紫砂的也好，瓦盆也好，大小都有，要用什么样儿的随便挑。

栽上没几天，全缓上来了，那么远地方来的，愣没水土不服。天凉了，一盆一盆全请屋里去，转过年来还都安然无恙。比兰草可好养太多了，起码不必给它拿虱子，不必给它翻盆换土，比八哥养得就更长远了。

张葱玉先生的长公子张贻义，当年就是干校机耕队的，这位是我儿时的玩伴。后来他移居美国了，可是也常会回来。谁若是遇见他，问问他带的那只八哥活了多少日子，就全都知道了。

五六　太平花

太平花和玉兰不同，它是灌木，就这一样儿，就比玉兰强百倍了。总不会树枝子上一片绿叶儿没有，就能看见一大朵儿一大朵儿、孤孤零零的白花儿，多寡得慌啊。

虽然太平花也是先叶而发，可它是灌木啊，开花一串一串的，满树银花，那叫漂亮。这东西可香，真叫香，总状花序，花瓣四枚，花冠乳白色。可是也怪了，花冠是乳白色，花的香味儿也饱含着阵阵乳香。

它是我们小时候最喜欢的花之一，尤其喜欢开得花朵繁多，只有今年花儿开得多，花谢之后，挂在枝条上未成熟的花籽儿也多。是繁殖用吗，非也，这东西要移出一棵去，非常简单。只要在花谢之后，种子成熟之前，随便选上一支靠外边点儿的枝条儿，试着把它弯下来，挨着地。估摸踜不折的情况下，在枝条儿能挨着地的地方，挖个小土坑儿，把枝条儿用手按在土坑中，再用土压上，压瓷实了，不至于一撒手，又反弹起来，就算是行了。一两个月后，从原枝上用修枝剪剪断，使之成为一棵独立的枝条，再过个十天八天，如果不枯不蔫儿，长得挺好，就可以带着土坨起出，移往别处了。这种做法谓之压条。

很多植物都可以用压条的方式繁殖，尤其是灌木，而对于太平花来说，固然每年有好几个月可压条，但最佳时节，是枝上的花籽儿长得像汽枪子弹大小，大小只是它的个头儿，此时的花籽儿长得最坚实。在这之前，花籽儿太嫩，捏在两个手指之间，轻轻一捻就能捻碎。在这之后，花籽儿更加成熟了，又变得爱裂了，同样捏在两个手指之间，倒捏不碎了，而是会从中心儿裂开，裂成两瓣儿或四瓣儿。

而所谓最佳时节也不是很长，满打满算，不过四十天或一个月。院里是有两棵花枝繁茂的太平花，压条可谓是方便之极。但是每年又能有多少人上我们家来移种呢，也无怪它别称丰瑞花和太平瑞圣花。

"相传原产四川青城，宋仁宗时移植北地。今我国中部、北部均有，宋陆游《太平花》诗：'青旰至今劳圣主，泪痕空对太平花。'原注：'花出剑南，似桃，四出千百色，骈萃成朵。天圣中，献至京师，仁宗赐名太平花。'"（《汉语大词典》）

好，此物原本就是四川青城的一种野花，后来被人们移种到我国中部、北部，但是最初都是移在帝王家，为什么寻常百姓家不种呢，因为要把它种活是很容易的，但要长得好，非得有大地方。没有宽绰的地方，根本看不出美来，不但不美，还碍事，妨碍人们走道。

院子大，也未必就种它，虽然开起花儿来，显得雍容华贵，那是由它和院中整体布局结合在一起，凑出来的景儿。就凭它一样儿,乳白也好,纯白也好,归根结底,还是个白。按我国传统观念,白能算上是个吉祥色吗。

当然庭院里常见开白花的植物,不只它一种,就比如玉兰、梨树、白丁香、白菊花等等。但头三样都是乔木,一来不费地方,二来玉兰和丁香,既可以赏花,又可以遮阳。而梨树除此之外,还可以结梨,好吃不好吃搁其在末,反正是能来口儿可食用的水果。白菊花更甭说了,它就是一种草花,既可入药,又可入馔,用处可大了。

而太平花只能用于观赏,别无他用。只有适合的庭院,才会有人想种它,否则即便有人白送,他也不要。别瞧偌大的一个北京城,又是个极好养、极好繁殖的东西,可有它的庭院并不太多。我们家的院子是后买的,原是旧宅院花园的一部分,太平花,以及太平花左边的西府海棠,都是园中旧物,有这东西也就没什么新鲜的了。

此话题过于沉重,还是说点儿别的吧。院子里那两棵太平花,曾经伴随我和李家的姐姐哥哥,度过快乐的童年。他们家有支汽枪,可家里大人从来不叫玩,怕打出的子弹,不留神伤着谁。小八哥哥真有本事,他竟然发现了太平花籽儿,也正是最佳压条时节的太平花籽儿,放入枪中充当子弹最合适。从那时起,汽枪再不必束之高阁,成为我们练习射击的工具。虽然打不了太远,又没什么杀伤力,可毕竟没有危险性了,在院子里,子弹可谓是取之不尽、用之不竭。虽然每年只能使用一个多月,那也足够了。

更重要的是,让我和孩童时期的伙伴们,认识了一种植物,认识了一种枪,认识了一种以前我们不大懂的东西。

五七　海　棠

有个事儿我得告诉您，不是显摆[1]啊，我那一手娴熟的刀功是怎么练出来的。切个丝儿、片个片儿，削点儿什么、旋点儿什么，分解个整鸡、整鸭、整羊腿，牛尾、羊蝎子、猪腔骨呿的，下手利索不说，绝不会见着什么骨头碴儿，都是刀尖飞舞于骨隙之间，游刃有余。

要片个果子，那更不在话下了，就说片什么吧，苹果、梨呀，忒大的说着没劲，布朗猕猴桃这样儿的，提都别提，杏儿也太大，要说就得像什么沙果、山里红、枣、荸荠、圣女果什么的。

我拿什么练的啊，海棠。不是一般的海棠，而是西府的海棠树上结的果子。用这东西有个好处，一来，西府海棠院里就有，得到它不费吹灰之力。自家的取之不尽，用之不竭，不必满处寻摸去。再者，用它练不糟践东西，片好片坏全没关系，片好了就

吃主儿二编

---

〔1〕　显摆，北京土话，炫耀的意思。

留它会儿,片坏了就撤[1]了,绝不心疼,绝不惋惜。

为什么,那还用说吗,这东西根本就不能吃。甭管多成熟,结的个儿或大或小,口感都是又酸又涩,根本不是入口的东西。退一步说,用它练片皮,还是废物利用,要不,纯粹是扔的货。

玉爷说过,好吃的海棠,花开得不好看,开花漂亮的,果子不能吃。西府海棠在庭院里,就是一种观赏树,又有谁在乎它的果子能吃不能吃呢。

说是说、听是听,西府海棠的确是海棠中的名种啊。《红楼梦》第十七回"那一边是一树西府海棠,其势若伞,丝垂金缕,葩吐丹砂。"看来什么书都有蒙人的,就说它漂亮吧,干嘛还饶上一句"丝垂金缕"呀,曹雪芹先生能没见过西府海棠,不能吧,其他说得都对,可来上这么一句,听着可就像是"垂丝"了。

西府不以垂丝见长,况且它也不垂丝呀。明王世懋《学圃余蔬·花谱》:"海棠种类甚多,曰垂丝、曰西府……就中西府最佳,而西府之名紫棉者尤佳,以其色重而瓣多。"得亏我最初对西府海棠的认知,不是来自书本,若是小时候没见过,全凭书上戤,还真麻烦了,倒是信它哪段呀。《红楼梦》确实是文学巨著,但毕竟是文学的巨著,在文学作品中所讲的一切,都是真的吗,有没有艺术构思的成分了。还甭说这西府海棠,就说那款名肴茄鲞,有多少人仿制哪,还包括众多著名的餐馆,真拿文学当烹饪技要了。仿去吧,哪家做出来的是味儿,但凡会做菜的主儿都知道,

---

[1] 撤,北京土话,当扔讲。

这款菜根本就没法做。

翻过头来,再说那西府海棠,可真称得上是庭中尤物,要不,旧庭院中也不拿它当观赏名品了。每年 5 月间,满树开的那花儿,真叫漂亮。剪下几枝,插在花瓶中,放在案头细细品味,或是任它在树上,和群芳一同绽放,都是美不胜收的繁华景象。不仅如此,风雨过后,落英缤纷,它还是个景儿。只是树上坐果儿了,结出海棠就是另外一回事儿了。

在北京的庭院里,有海棠树的也不是一家两家,种的也不都是西府海棠。真有果中名品哪,那就是旧时北京海棠中的大白海棠,也有种红海棠的,虽然果子吃口儿稍逊于前者,但院子里枝子上满是这个,瞧着也喜欣不是。

正所谓鱼和熊掌不能兼得,看选定哪一样了。吃什么,看什么,都一回事儿。要这样要不了那样,二者只能取其一,还别鱼和熊掌,也别说什么海棠,世间好些事儿都是如此,一个样儿。

五八　丁　香

在上文中提到，我们家的庭院是北京某旧宅院花园的一部分，园子里的太平花，以及太平花左近的西府海棠，都是园中旧物。

为什么要提这么一句呢，因为就北京旧庭院而论，院里也好，花园也好，虽说种花种草随便招呼，但还是有一定范围的。也就是说该有的有，不该有的不能有。多少年来多少人撰写的文章，以至作为主题阐述，扯了去了，我就别跟着饶舌了。

本篇要说的是，在我们家的院子里，还有十几棵白丁香和十几棵紫丁香，它们和太平花、西府海棠一样，也是园中旧物。

丁香在北京很常见，刨去街上的、公园里的整溜的、整片的，在谁家的院子里有棵丁香，也是很平常的事儿。它不照太平花那么占地方，且比太平花开花儿还早哪。太平花开花儿，得等到5月，那时候，多少花儿都开过去了，多它一样、少它一样，也无所谓了。而丁香不然，它开花儿早哇，尤其北京春天来得不是很早，丁香开了，紫的、白的，可以告诉人们春天来了。

正因为家里有丁香树，我们还办过一件事，现在想起来，甭提多逗了。我们做药的那几年，手里有本《本草纲目》，正在认真研读，一时间甭管什么，只要我们看着能做的，都想做回试试。于是乎就瞄上院子里的甜瓜了。甜瓜是我们种的，可是种多少年了，真正成瓜的没几个，成瓜只是说结了，能熟不能熟还不一定哪。往往到了临拉秧的时候，瓜藤上还挂着好几个小瓜，跟嫩西葫芦似的，这玩意儿可有什么用。要不怎么说，中医药是祖国医学的伟大宝库呢，《本草纲目》上写着哪，这玩意儿还真有用。

《本草纲目》卷三十三果部、甜瓜中瓜蒂条，说此物叫苦丁香，取青绿色瓜气足时的瓜蒂，经风吹干后入药。什么叫瓜蒂青绿色，只有瓜嫩的时候，瓜蒂才是青绿色，瓜熟了，瓜蒂就变白了，不能使了。

说丁香，怎么转到甜瓜上去了。因为在瓜蒂附方中有这么几条，其一曰遍身如金："瓜蒂四十九枚，丁香四十九枚，坩埚内烧存性为末，每用一字，吹鼻取出黄水，亦可揩牙追涎。经验方。"其二曰黄疸瘾黄："并取瓜蒂、丁香、赤小豆各七枚，为末，吹豆许入鼻，少时黄水流出，隔日一用，瘥乃止。"其三曰身面浮肿："方同上。"

这仨症候说的，不就是治黄疸性肝炎吗。具体往鼻子里吹的时候，什么叫一字，什么叫一豆，那甭管它了，谁还敢真吹，吹出个好歹来谁也盯不住，把它做出来就得了。再说，这东西也好做不是，甭管哪个方，添不添红小豆，瓜蒂、丁香都是等份，有什么新鲜的。

先来这样儿,该采的采下来,该风干风干,妥善收存且等来年,再把丁香收了就开工。想的是挺好哇,来年就傻了眼了。其实还没到第二年,哥几个就犯嘀咕了,只是彼此没有把它说透。

原来《本草纲目》上说得很清楚,在卷三十四木部丁香条上:"丁香,也叫鸡舌香,与丁香同种,花实丛生,其中心最大者为鸡舌。"丁香花谁没见过呀,紫的也好,白的也好,开花都是长筒形,跟个小喇叭似的,什么叫中心最大者,哪个地方叫鸡舌,不把这事儿捣清楚,东西可怎么做。

耿鉴庭伯伯要不来我们院还麻烦了,哥几个围着丁香树都急了眼了。耿伯伯是父亲的老朋友,就是住的远点儿,他在西苑中医院供职,宿舍也在那儿。上那一趟,就如同去趟颐和园,比颐和园还远哪,比香山近点儿有限。

闲篇就甭说了,耿伯伯一讲,我们才明白,敢情同是叫丁香的树有两种。我们院里那种,是落叶灌木,或小乔木。叶卵圆形或肾脏形,花儿紫色,或白色,春季开,有香味,花冠长筒形,果实略扁,多生在我国北方,供观赏,嫩叶可制茶。另一种,也就是别称鸡舌香的那种,又叫丁子香,是常绿乔木。叶子长椭圆形,花儿淡红色,果实长球形,生在热带地方,花儿供药用,种子可榨丁香油,做芳香剂,种仁儿由两片形状似鸡舌的子叶抱合而成。

听听,要采这东西,还得上趟热带。得了,收摊吧,别做了。这个事儿是挺可笑,那个时候,我们是未成年的孩子,学了点儿什么就忘乎所以,恨不能连北都不认得了,什么都想干,什么都想做。可是我们那个年岁,就弄清楚这件事儿了,那还不值得庆幸哇。有的人不然,就比方说邓云乡先生。

邓先生也是父亲的老朋友,当时他在南方,没有听见过耿伯伯的教诲。他在《增补燕京乡土记》中也提到了北京的丁香树,在春明花市那一节中,单有一篇题为丁香。其中写道"丁香是丛生灌木,有紫、白二种,分植容易,花形十字形很小,花期紫白不同,紫花先开,白花次之,在谷雨时节是看花最盛的时候,开花芳香四溢,据说丁香花可以用化学的方法提炼丁香油,是很贵重的芳香剂。"说混了不是。

我还真盼着邓先生当年在北京。若是邓先生听见耿伯伯那么一讲,不至于在书里写错了事小,他要当个孩子王,带着我们采点儿丁香叶做茶叶,那是多好玩儿的事儿呀。

五九　紫　藤

　　说起我们院子里的园中旧物,紫藤也应该是一样儿,可它不是。当初祖父买那个院子时,院里没它,它是50年代初,玉爷和桂同志栽的。

　　桂同志和玉爷年纪相仿,他是玉爷的朋友,也许还是发小儿,住在朝阳门外,也是位祖居北京的旗人。每当玉爷干一个人干不了的活儿,常把他约来帮忙。

　　有些读者不是对旗人的做派感兴趣吗,在桂同志身上可以略见一斑。就说这帮忙吧,每次来从不言工钱几何,也不必惊动祖父,纯粹是应朋友之邀来帮忙的,若不是冲玉爷的面子,他还不来哪。

　　没别的,张奶奶忙点儿,得上街买肉打酒。不但要多炒几个菜,还要买熟食,酱肘子也好,羊头肉也好,兴许还得来几条鱼。到时候,仨人坐那儿一吃,天天如此。最后干完活那天,必得恭恭敬敬,把他送到大门外。快到门口了,张奶奶先道别回去,待张奶奶的背影消失在视线之外,玉爷再拿出祖父早预备好的工钱若干，交到他手里都不行，必得硬塞到他兜里。并且一再言明，这是让他回去坐车的钱。

栽紫藤可是麻烦事，一个人还真干不了。栽很简单，又不是什么大树，挖好了坑，坐到里头，再填上土也就行了。麻烦的是没栽之前，就得把架子搭好了，公园里藤萝架是个什么阵势，院里也是什么阵势。

地方选得合适，搭得高高松松、敞敞亮亮，那是起码的。选材还有讲究，真得用几十根够粗的杉篙，用铅丝拧结实了。也只有这样，架上的藤萝才能长出势来。紫藤若是长不出势来，还不如不栽哪，根本体现不出它的美。

我们院里那架藤萝真叫美，不但美，还得吃得玩，它也是伴随着我们长大的一种植物。且不说每年四五月间，采下第一茬藤萝花瓣儿，用糖渍了，蒸出暄软香甜的藤萝饼，让我们大快朵颐，光是每到开花时节，招来的那些蜂蝶，就给我们留下了难以忘怀的记忆。

小学生用的后面相连、可以开启的铁质铅笔盒，正好用作捕捉蜂蝶的工具。逮的时候，两手各执一边儿，看准了，两边往下一扣，就把它扣在铅笔盒里了。

蝴蝶不好逮，不要说大个的了，就是北京最常见的小粉蝶，白的、黄的，飞来翅膀也都支棱着，要把它毫发无伤、全须全尾扣在里头，还真不是容易的事儿。再说了，扣它也没什么劲，铅笔盒铁的，也看不见里头什么样儿，倒是扣着没扣着，是不是完整无损也都不知道。最主要的是它没什么响动，扣与不扣都一样。

可有些东西就不一样了，比如蜜蜂，真要扣在里头，听去吧，里头嗡嗡嗡响个不停。如果真要扣，还不是去扣蜜蜂，这东西响动太小，必得贴在耳朵上，才能听见盒里的响动。我们管这个叫唱小戏，既是要听戏，还不听热闹点儿的，声大的有，那就是牛蜂了。

牛蜂是北京人的叫法，胖胖的身躯，长得相当肥壮，两边翅膀之间黑色的背部、靠近头顶处，长着星星点点橙黄色的鬃毛。它是一种常见的害虫，毁椽子。它就住在椽子里，能在椽子上打洞，不群居，独来独往。但在一个洞里是住它一个，还是住着一窝，那就说不清了。我们可没闲心管这些事儿，琢磨的就是怎么把它扣在铅笔盒里。

这东西皮实，一般来说，只要扣的时候没伤着，两三天都死不了。尤其是头俩仁钟头里，嗡嗡嗡响个不停。俩仁钟头以后，盒里没动静了，那也不要紧，摇上几下，它又嗡个不停。两三天是我们的经验谈，要玩得痛快也容不得它活那么长时候。至多一天，到了晚上，这东西就没那么大劲儿了。虽然每次摇都有动静，可嗡嗡声愈来愈小，那还留着它干嘛，把铅笔盒开个小缝，让它把脑袋伸出来，再随手往下一压，来个断头大典，就算齐了活了。不这么着都不行，谁知道放出来它蜇人不蜇，这么着安全不是。扔了这个，再扣一个还不是唾手可得，小戏儿重开场，声大的又登台了。

马蜂可别惹，这东西太贼。往往没扣准，飞回来就让它蜇一下，那可不是玩儿的。真要被它蜇了，还得撒泡尿，把尿抹在被蜇的地方。虽说听着有点儿恶心,又不卫生,可总比不抹强多了,李家姐姐告诉过我们,尿里有阿莫尼亚,能治马蜂蜇。可是抹了也好不到哪儿去,被蜇的地方,还是火烧火燎地疼。

小黄蜂也不能扣。这种虫子在墙缝里做巢,扣是十分好扣,也有响动,可声太小了,还没蜜蜂声大呢,把铅笔盒紧贴在耳朵上仔细听都未必听得清。

近一个月的花期就要结束了,奔花儿而来的蜂蝶,一天比一天少。再来场雨,再来场风,就会看见那淡紫发白、残枯的花瓣儿,混着泥泞散落在院子里的各个角落。此时还会发现,随风雨飘落下来、一寸来长绿色的藤萝角儿。它长的模样不像豆角,倒像是古代兵刃中单刀的缩小版。

每年,一棵紫藤得结多少藤萝角儿啊,可是它们之中的绝大部分,都在风刮雨淋的摧残下过早地离开了枝头。入秋后还能挂在枝头上的藤萝角儿真没有几个,但是有这么几个也就够了,正因为少,它才可贵。更可贵的是它长老了,模样又不像单刀了,倒像是令牌。再玩起官兵拿贼,不是徒手游戏了,还有了道具,那是多好的事儿呀。

六〇 荷　花

　　荷花生于污泥而不染，早就成为历代文人所称颂的一种性格，或者说是一种气节。而在庭院中种荷养莲，也是古来有之的事儿，我国各个地方都是如此，北京也不例外。

　　荷花怎么种，芍药怎么种、荷花就怎么种。所不同的是，芍药是把小白薯似的块根种在地上，荷花是把它的块根藕种在泥里。还别用盆，盆里的泥太浅，它不得长，怎么着也得找个深点儿的缸，垫上从河里取出来的、富含腐殖质的河泥，把藕节擩到里头，灌上适量的水，让它长去吧。

　　这是一般的种法，还有二般的哪。就比如我们家，以及父亲的很多同事，家里都种这东西，可都不是用藕种的，长得还都挺好，不能不说是个奇迹。有人备不住不爱听了，心说了，先来个二般生造的词儿，又这位吧那位吧，种荷花有什么难的，还不用藕，故弄玄虚，不会下的是莲子吧。

　　对了，真就是莲子，叫它二般的，因为它不是一般的莲子，而是在地下埋了几千年的古莲子。几十年前，我国有不少地方，数次出土过古莲子，而且数量众多。父亲和他的同事们都是文物工作者，这事儿让他们捷足先登了，各家儿都揣回去不少。

最初也就是拿在手中把玩，种是后来的事儿。为什么当时没想呢，搁谁也不敢想呀。看那东西的模样，那个黑，那个硬，用锤子砸，兴许都砸不动。谁承想后来真种出来了，不能不说是个奇迹。

我轻描淡写地这么一说，可是种了多少年，才拱出芽儿来，就一年，从开始种的那年，多少年后的那一年。头些年都种过，哪年都没出过。搭上手里这东西多，要是一人就有一个儿俩的标本，谁舍得干这个。

其实啊，是窗户纸一捅就破，毕竟是文物工作者，不是自然科学家。为什么埋了那么多年依旧完整如初，还不是那层莲子皮封住了外来的侵袭，同时也封住了浸润它的水分以及浸润后发出的芽儿，这也是他们屡屡碰壁之后琢磨出来的。

后来，据说是先把莲子放在小盘里，盘里垫上浸了温水的丝绵，先闷上些日子，再种才种出来的。我小时候，养着莲荷的大缸里，已经是个景儿了。虽然抽屉里还有古莲子，但太少了，就有那么几个，也就舍不得种了，还是当作标本保存起来吧。

用古莲子种出来的荷花，北海公园也有，至于是哪一片，或者是不是真有，则不得而知了。我们院子里的荷花，在"文化革命"初期就已经失去了。

没有没有了吧，当年长着的时候，它也就是个景儿。根底下的藕，长得太细，忒小，不能吃。花儿倒是开，可结的莲蓬最大的也只有个酒盅大，还没籽儿。也就属荷叶还多点儿，所谓多，也就和那两样相比，什么时候看，荷叶也过不去四张。指着用它做荷叶粥，张儿也太小了，随便上街上，毛来钱买一张都比它强。费了半天劲，种它可干嘛使。

六一　向日葵

我要是说句老北京话,转日莲籽儿、转日莲当什么讲,八成,有人不会知道。这俩词儿消失得太早了,少说也有五十多年了,它就是葵花籽儿和向日葵。如果我不是说出来的,而是写出来的,就不会不知道指的是什么了。因为不管是向日葵,还是转日莲,都把这种植物的生长特点,恰如其分地,从名字上表现出来了。

荷兰画家梵高画过一幅《向日葵》,送给法国画家高更,可是这幅画,是插在花瓶里的向日葵。而梵高的另一幅画《流浪的足迹》,则是生长在田野上的向日葵,其表现手法何等的壮观。那阵势我也见过,不是在北京,更不是在法国,而是在宁夏那广袤的土地上,我下乡的地方。

向日葵是北京人熟悉的植物,也有不少人种过,但从来没有壮观的景色。北京人把它种在庭院里,至多也就是两三棵、三五棵,种在花池里,或院里不碍事的地方。说实在的,北京的庭院,根本不适合种向日葵。

为什么,先说北京人的居住环境。以前人们多住在四合院里,有人这么赞美过四合院:"那四面屋宇围出的小庭,把宇宙的一角,以至整个宇宙都迎接到你家中,这里是人的家,也是自然的家,住进去,你越发感到,人是大自然的主人。一切变换着风雨雷云、日月乾坤,一切生长的花草树木,燕雀鱼虫,都环绕着你轻歌曼舞,面对着你大献殷勤。大自然的真、善、美,人的价值、人的尊严,得到了最充分的肯定。"(杨乃济《吃喝玩乐》,中国旅游出版社)

　　是啊,这是人的家,没说是向日葵的家,即便容它在这家里头,它也不是主角。那四面屋宇围出的小庭里,人的价值、人的尊严,得到了最充分的肯定,可向日葵得到什么了。

　　向日葵的花盘得围绕太阳转,它得见着太阳才能转哪。在四面屋宇的包围下,无论太阳在哪个方向,庭院里的向日葵找太阳、都找得费劲。那四外高房起的屋脊遮阳啊,得到阳光它必得长得高不是,只有那样,才能在阳光的沐浴下茁壮成长。可就向日葵本身来说,要是长这么高,养分都让高高的葵秆夺走了,还能长多大盘。即使是长个盘,也未必能长出满仁的籽儿。

　　这还说的是不下雨不刮风,风和日丽的时候。若是下了雨,雨大点儿,或是风大点儿,兴许那么长秆的向日葵就倒了,即便再扶起来,也不如没倒过的。

　　或是房子矮的小院,或是三合院、两合院,也就是说院子越不齐整,院里的向日葵长得越好。但是再好,也比不上长在广袤大地上的向日葵。

我们的那个院虽说是不格局,可毕竟是高房大院,在那儿种的向日葵,它能长得好吗。所以,这东西是年年种,年年长不好,倒了扶不起来单说,就是没倒过,每年结的盘里也没多少长仁儿的籽儿。看着它,只能当作植物标本,知道向日葵长出来是个什么样。

光这样差点儿劲不是,好在当时家里都订着《少年报》,李家有,我们家也有。在《少年报》上登着一个制作糨糊的方子,主要原料就是向日葵的盘,具体做的时候,还得把籽儿全扒下去,这事儿在我们这儿倒好办,本来籽儿在盘上长得就不稳当,弄下去极为简单,极为容易。下一步,把盘切成碎块,放在锅里加水熬,熬出汁来过滤,再熬稠了就算齐了。

在六七十年代,有的街道工厂就是用这招儿制糨糊,我们小小年纪,竟做了他们的先行者了。这么说起来,我们在院里种向日葵,还真是没白种。

六二 水 仙

　　水仙,是这种植物的名,也是它在南方的名。在水仙的产地,人们都这么叫。可是,这东西到了北京,又添了个名,人们把它们之中的一部分叫旱仙。

　　哪部分呢,不是栽在水里,用石头子饧着,而是栽在花盆土里的那部分。且无论是入冬栽的,还是存到夏天栽的,都叫旱仙。也无怪人们有一个错觉,只有养在水盆里的水仙才长出花腱子,才开花,而栽在土里的那个头,还越长越抽抽。

　　这两样儿能是一种东西吗,有这个看法的主儿多了去了。花店也就着这个茬儿,以讹传讹。谁要到了那儿,他还给介绍,哪盆哪盆是水仙,哪盆哪盆是旱仙。办这事儿还不用掌柜的,刚来一天的小伙计都行,只要分出盛着水和装着土的盆即可。

　　一时间不少年,多少人都有这个错误的概念,起码吴文光的同学就是如此,要不我们还圆不了那个场呢。吴文光,琴家吴景略先生的长公子,中国音乐学院教授。景略伯伯第一次带他上我们家的时候,他是个不点儿的孩子,我也是孩子,我和他就差半岁,当然是玩伴。

再来就是以后的事儿了,是带着新婚的妻子来认门儿。他刚从西班牙交流演出回来,穿着尖儿皮鞋,抱着六弦琴,靠在我们家门首,演奏《十面埋伏》的一段。好听不好听单说,把轮指用到里头,曾经震了西班牙吉他大师。那位大师是不知道哇,这位小时候琵琶也是幼工。

要说跟水仙有关的,就得是另一段了。那一年,他从美国上学回来,借住在帅府园中央美术学院宿舍、一位朋友的家里。我去看他,他说想找个盆景送给这位朋友,还一再强调,一定得弄个活物盆景,这位也是搞艺术的,送死盆景拿不出手。

这算什么呀,虽说"文革"以后,家里的盆景全没了,可墙根还有紫砂浅盆儿,花池子里还有散落在那儿的上水石。把这两样儿凑到一块,先摆出个造型来,记住了怎么搁、怎么摆,再把石头拿下来长苔。

所谓长苔,就是让它长青苔。这事儿极好办,就是麻烦点儿,忒爱干净的主儿也干不出来。得先用铁锹,挖土往石头上扔,全埋上之后,再提溜出来,石头上的缝隙,以及大大小小的孔里,就全有土了。把石头扔在墙根不碍事的地方,一锅热米汤浇上,就甭管它了。

米汤在石头上爱馊不馊,有什么不好闻的味儿,都得忍着。过不少日子再瞧,石头上开始泛绿,青苔慢慢长出来了。要是这么做出的盆景,那没挑,可吴文光等不了哇,他在北京待不了多少日子,想离开之前给朋友盆景作为答谢。这可怎么办呢,我也没主意了,干脆,上烧酒胡同找我李大爷去吧。

李大爷谁呀,父亲的老朋友,花木界前辈李子臣先生。李大爷给出一主意,就用水仙,栽在土里的水仙。看长得不太高,又透着郁郁葱葱的,选那么一两棵。还用那个盆,把上水石撤去,换上块太湖石,把那两棵栽在石头边上,还真像那么回事儿。

这事儿瞒不了吴文光,递到手里,他一通犯二惑。可也没辙了,时间来不及了,硬着头皮送出去吧。后来怎么着,把那位美的,居然还知道它的品名,管它叫旱仙,我当面听见的,那还错得了。

六三　迎春和腊梅

在我很小的时候,就知道这么个事儿。北京人,尤其是旗人,最喜欢两种花,迎春和腊梅。从假花,也就是绢花上,也能看出这个事儿来。

北京绢花,那可是有一号,在国际上也是富有盛名,品类之多,足以让人眼花缭乱。然而作为插花摆件,放在屋里、花瓶里的绢花,可没几样儿。在这几样里,最常见,同时也是制作最逼真的,只有两样儿,还就是迎春和腊梅。

现在这个景儿不大能瞧见了,但总还是有。在七八十年代,新婚家庭的陈设中,必不可少有个花瓶,瓶里插着绢花,一定就是这两样儿。有的还多一样儿两样儿,所添的大半是有几个绿叶的杏花,和一个绿叶没有的桃花。之所以有这个景儿,明显是一种习俗的延伸。从那时往前推,在我小的时候,各家各户,尤其是那些老家庭,在堂屋里都有用这两样儿绢花插在花瓶里的摆件。

听张奶奶说,人们喜欢这两种花儿,是因为它们花儿开得早。想想也是，就说那迎春，它开了，春天也被它迎来了。腊梅开得更早，名字上带着哪，腊月就开了，腊月一过，春天不就来了吗。北京人，北京的旗人，哪儿是单纯喜欢这两种花儿哇，分明是借着花儿表达对春天的企盼。

迎春和腊梅都是灌木，这路玩意儿有个特点，压条就活。而具体到迎春，都不用压条。金受申先生《老北京的生活》这么写道："北京人家所种迎春，都用瓦盆，三伏雨水选择嫩枝长大的，插于土中，不须施肥，只要浇水就能生根。"金先生说的这个我知道，玉爷就是这么繁[1]迎春的。

再往下，金先生讲得更仔细了，我还说什么呀，再者了，要我命我也不能用这么洗练的语言表达出来。只有一样，我还得做点儿说明，因为末尾有这么几句，原谅我不能苟同。

"迎春以根本丛生的为最多，也有精于修剪的，只取一本，芟除它枝，所有千枝万枝都滋生于一根老本。老本不使长高，上如圆伞，最见功夫。"

最见功夫不假，那有什么可佩服的，不就是整治花儿吗。我们家庭院里也有迎春，还不止一棵，盆栽的、种在地上的都有，没有一棵动过这样的手术。既是长在这儿了，干嘛不让它长舒展呢。剪成那样儿的花儿，我也见过，护国寺花店、隆福寺花店，北海、中山公园，但凡是个养花的地方都这样，一个赛一个，把它修剪得那么秃茬，那么呆板。

_____

〔1〕 繁，北京土话，当繁殖讲，读作奋。

我之所以有这种看法，是因为从小时候就有了先入为主的灌输。我记得张奶奶不止一次跟我提起我那爱作画的祖母金陶陶（金章），爱养金鱼，爱不受约束、在自然界生长发达的迎春花。

迎春如果常年种在院子里，不入盆摆放在生着火的暖和屋子里，不会那么早开花，也和其他室外植物一样，春暖才开花。

那么迎春和腊梅，如果没生活在室内，而是生活在自然界里，它们的花期是碰不上的。迎春开得晚，春天才开，腊梅干嘛叫腊梅呀，干脆也从金先生的书上引吧——"腊梅原名黄梅，宋时始改今名，本非梅种，只以像梅，腊梅是冷洞子货，不用火熏，只花贩能令在新年时开放，比人家自种的晚一个多月。"

在自然界里，这两种花根本开不到一块，真想凑一块开，一个得往前赶，一个得往后缩，还得是会鼓捣这两样的能人、才能办到的事。光有人还不行，冷洞子、暖屋子，缺一不可，要不还是不成。

其实匀着开，有什么不好，这个开罢那个开，开得还长远。大半是人们的心理不在乎细水长流，注重的是锦上添花吧。要不怎么会有绢花呢，北京的绢花有名就在这儿了。不可否认，鲜花的确是鲜亮，有生气，但它绝对比不上绢花的雍容华贵，要是把这绢品插得了，往屋里一摆，还真是蓬荜生辉。

也正因为是这样，老北京人、旗人的爱好一直得以延续，延续至今。

六四　木芙蓉

　　北京人有个新鲜的，什么都讲究自己起名。就说木芙蓉，它倒是种什么植物呢。

　　这个难不倒谁，随便找本字典，不必特为找植物词典，就用我常用的《汉语大词典》吧，上头就有"落叶灌木或小乔木。叶掌状，秋季开白花或红色花……"就这儿吧，还别往下抄了。北京人说那木芙蓉，哪儿到秋天才开花，刚入夏就开，再者，也不是白的和红的这两色。

　　还有一样，它开那花儿，特像五六十年代百货公司卖的一种纺织品，做衣服用的乔其纱。说是紫、红、白仨色儿，紫也就是淡藕荷蓝，还有点儿发蓝。红为浅紫红，白亦不是全白，有点儿奶白的意思。这三种色，连同那花瓣儿的质地，就如同是乔其纱做的。凡是看见过这东西开花的主儿，一定会认为我描述得太形象了，因为最直观的感觉确是如此。

　　而实际上，这种花儿的植物名是木槿，或写作木堇，也是落叶灌木或小乔木，"其叶卵形，互生，夏秋开花，花钟形，单生，有白、红、紫等色,朝开暮落,栽培供观赏兼做绿篱。"这段儿也抄自同一本词典。

我们院子里有四棵木芙蓉,是街道上动员种的。那是1959年,我刚上中学那年的事儿了。街道上说,要十年大庆了,美化首都,用极便宜的价钱从城外拉来树苗。我记得每棵四毛钱,草本的就更便宜了,美人蕉一棵也就毛来钱。各家各户又都种,谁不愿意种好点儿呀。也正因为这样,这四棵树在我们院活得真长远,到了九几年,有家儿新街坊为了接住房,才把它们都砍了。如此算来,它们也在这院子里生活了近四十年了。

六五　紫薇和紫葳

　　紫薇和紫葳,念着同音,写出来却不是一个字。它们长的形态各异,却都是庭院里常见的观赏植物。

　　北京人在庭院里种紫薇的很多,因为这东西漂亮,花期长,好养活。五九年十年大庆,街道推广美化环境的几种花木中,最多的,除了木槿,就属紫薇了。它是灌木或小乔木,树长得挺高,院子里有,不用进门,在胡同里隔着院墙就能瞧见枝头上盛开的花儿。它的花期也忒长了,入 6 月就开,一直能开到 9 月底、10 月初。开的花色还喜欣,有红色的,有粉红色的,都透着那么艳,那么鲜。

　　要光是这些个,就没必要单来这么一篇了,写到木槿那篇里不就得了。紫薇确实是一种用于绿化的树,在北京也有挺多长着挺高的树,可在以前,北京几乎没有这种的,都讲究用来种桩子。

　　至于这桩子怎么种,我介绍不了,没操作过。但我见过栽在盆里的紫薇桩子,高不过几十厘米,都是生长上百年、甚至是几百年的树。人们所寻求的什么样的美,我不予评议,可以想见,这棵树这么多年来长成这样,不定得遭多大罪哪。

相比之下,紫葳要做成盆景,比紫薇可容易。紫葳,木质藤本,它还有个别名,叫凌霄,这回说清楚了吧。"此物攀缘茎,具气根,树皮灰褐色,具纵裂沟纹。羽状复叶,小叶卵形,边缘有锯齿,花冠钟形,外橙黄色,内鲜红色……"若是把它入了盆,虽然也憋闷,但总不至于受大刑,它毕竟是攀缘茎的藤本植物。

然而,即使是容易做盆景,我也不愿用它做。也许是在我小的时候,院子里有棵自由自在的紫葳吧。就像在《吃主儿》里提到的那样:"倚着这个门楼,种着一棵凌霄,长长的枝条爬到门楼顶部,又低垂下来。每到开花的季节,枝条上一朵朵艳红似火的花,争先恐后地开放着,和那绿色的木屏风形成极强的反差,相映成趣。"

紫葳,凌霄,还别叫紫葳了,就叫凌霄,只有凌霄,才能瞧得出它的美来,它才能长得自在。

六六　金银花

　　父亲去了,去年的 11 月 28 号。父亲亲手栽的金银花还在,它依然茂盛。睹物生情,未免伤感。我知道,父亲最瞧不得我这样了,他这一辈子沟沟坎坎,可一直豁达,一直是笑对人生。

　　单元门外花池子里的金银花,是从平房院子里移过来的。原先是栽在花盆里,也真难为它了,到了这儿,才长舒展了。即便不施肥,我相信,也比在花盆里长得大,长得好。而父亲还专门请人为它施过肥,不是马掌,也不是麻渣,而是沤好了的鸽子粪。它可真得意了,这些年来,依着铁栅栏,都变成一大片了。就是想找出最初栽的那根藤,都找不到了。

　　既是这样儿,当年在院里为什么不给它找个宽敞地呀,有这疑问的主儿,一定没在北京待过。那几年,北京的住房还了得呀,哪儿哪儿都那么紧张,原先多好多大的院子,都成了大杂院。那小厨房搭的,剩下那点儿走道,连过去个人都费劲,还找地种花儿。还说呢,这棵金银花就是从地里起出来、装在盆里养的。起的时候费大劲了,棵儿太大,用修枝剪把旁枝儿全去了,根也剁去不少,要不也进不了盆。进到里头,它是委屈点儿,可还能活,在院子里,连活都活不了,也只能这样了。

谁不希望有好的居住环境呀,如果能在庭院里种花种草,美化人们的生活,多有好处呀。而在种的时候,除了那些草花之外,就别专盯着冬青和草坪了。这两样儿没大意思,充其量也就是能盖上裸地的一片青,又挺麻烦的,定期浇水不说,还得费人工修剪伺候着,长得好长不好还不一定哪。

不如换点儿别的,像紫藤、凌霄,以及本文提到的金银花,又得瞧,又省事,那何乐而不为呀。

第七分

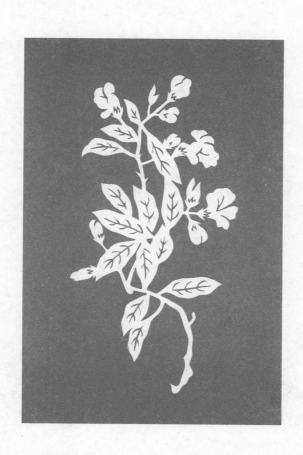

六七　石榴树

　　"金鱼、天棚、石榴树，先生、肥狗、胖丫头。"这几年随着一年胜似一年的怀旧热、民俗热，石榴树，这种曾经被人们淡忘了的、庭院里的旧景儿，又出现在人们眼前了，就如同是起死回生。

　　而对于石榴树本身来说，岂止是起死回生，简直是冲破桎梏，重获新生。院子当间种石榴树，树底下摆着鱼缸，养活金鱼。石榴树一棵也好，两棵也好，棵棵都长得那么挺拔，那么枝繁叶茂。长势再好点儿的，枝头都越过房脊了。就是不进到这院儿里去，从胡同里头都能看见石榴花开红胜火。

　　二回来可就不是这个景儿了，抬眼望去，枝头上大大小小挂着石榴，有的都长开了，露出紫红色宝石般的石榴子，似乎朝着人们笑哪。石榴绽子是在讲的，它寓意多子多福，这也许是石榴树，这种旧庭院中的旧景儿，最完美的重现吧。

　　人们之所以有这种想法，也是可以理解的。且不说近些年来，有不少京味作家，在撰写的京味文学作品中常常提到这个景象。就是在人们还没有这么怀旧的时候，在北京不少人家儿的院子里,就有石榴树。如果能多串几家儿,就会发现一种奇怪的现象,生长在不同院子里的石榴树,模样还不是完全一样。

其中有一种,如同生在果园里的其他果树一样,那么挺拔,那么枝叶繁茂,开花结果,产量颇丰。而另一种似乎处于病态之中,它的树皮颜色发白,还有翘皮儿,整个树干看上去斑斑驳驳的。不仅如此,它比头一种细多了,也矮多了。还似乎不爱长,种了多少年了,还是那么细,那么矮,好像一点儿变化都没有。但是并不妨碍开花结果,结的石榴又大又甜,只是挂果过于疏朗,每年树上也结不了几个。

难道它们还是两种树不成,正是如此。第一种石榴树,是石榴树中的果树,而第二种是观赏树。对中国庭院稍有了解的人都知道,所谓"金鱼、天棚、石榴树,先生、肥狗、胖丫头",实则是北京旧谚语"天棚、鱼缸、石榴树,先生、肥狗、胖丫头"的讹传。而在庭院中用于点缀的石榴树,也不是种在地上的,而是盆栽石榴。

根据院落大小,置数盆、乃至数十盆,并以鱼缸杂列其间,错落有致地摆列院中,上有高越屋脊的天棚,这才是旧庭院中的一景儿。后来怎么都改栽在地上了呢,那是因为社会变迁所致。不是在现在,打清亡就开始了。那些旧庭院儿几经易主,新主人未必喜欢那老一套,谁还非得在院子当间、占这么大地方,营造这么个景儿。把鱼缸归归堆[1],请到一个大鱼缸里戳在那儿。

---

〔1〕 堆,北京土话读作 zuī。

石榴树,挑出茁实点儿的,高着点儿的,从盆里移到地上栽上,该施肥施肥,该浇水浇水,它能不往高了长吗。可是有一样儿,长倒是长,多少年来,人们已经把它盘根修枝,栽在盆里,给它打破桎梏,也未必就能和没入过盆、自由生长的树长得一样。正是这个原因,在北京的庭院里,才有了这种病态树。

虽说病态,当初人们选用入盆的石榴树,毕竟是良种。我国的石榴树就品种而论,也不是仅有一种,它结的石榴,比一般果树结的好吃多了。

这东西我们家没有,可玉爷他们家有,确切地说,是玉爷他妹夫家有。记得每年秋天,玉爷带我上朝阳门外头吉市口,给他妹妹送钱去,回回也落不了从院子里那纤细的石榴枝上,摘下几个硕大、口感极佳的大石榴。

六八　橘子树

　　这年头什么事儿都有，就说前几年吧，我们家就赶上这么档子事儿。大半是在〇六年夏天，有个人三番五次往家里来电话，非得让约个时间，他带着孩子上我们家弹古琴，让我父亲听。我就纳了闷了，我们家的电话号码，这位是从哪儿得来的。

　　这么说不无道理，这个人根本不认识，听口气是慕名而来，可是再慕名也慕不着电话号码不是。有句话怎么说的，只要工夫深，铁杵磨成针，用到这儿合适不合适单说，可是这位真把这事儿磨成了。就这么着，他带着孩子来了。

　　还别说，这孩子真会弹，也真难为那么点儿孩子，可弹了半天，就显出个熟来，就甭说这小小子儿了，是个孩子练二年，都能弹成这个样儿。

　　我不会弹琴，也没学过，听琴总还听过吧。父亲、母亲弹的都不算，在无量大人胡同溥雪斋溥先生家，原谅我这句话说得太旧，无量大人胡同后改为红星胡同，或是在我们家，溥先生、查阜西查先生、乐瑛乐先生，都是家里的常客，他们谁弹琴我没听过呀。

但是在这俩地方听琴,都引不起我的兴趣。最有兴趣的地方,还得说是管平湖管先生那儿。那时候,我们家住在海淀十间房,音乐研究所宿舍,我们家住三楼,下一层楼梯,头一间是昆曲名家高步云高先生家,二一间就是管先生那儿。管先生那间屋是办公、宿舍合二为一,教许健叔叔、王迪阿姨在这屋,生活起居在这屋,也是我最爱去的屋。还必得是管先生弹琴的时候,不单是我,所里的孩子、我的小伙伴,李元庆叔叔的孩子铃子、三子,高步云先生的孩子小钳、小妹,王震亚叔叔的孩子今令、士干、三川,等等吧,都那时候去。不是不约而同全一块去,每回总得去个三四个,要是光去一两个,这事儿还办不了了。

上那儿不是听琴去了吗,怎么还办事儿呢,听琴是假、办事是真。也就得打着听琴的幌子进去,再者说,他们净顾了弹琴了,谁还能注意到这些事儿。

管先生爱种花,鼓捣盆栽的香橼更是一门灵,每盆里不结个仨俩的。在我们这帮孩子眼睛里,它就是橘子。不趁这机会,不进去几个人,也不得下手不是。可是摘下来也白搭,那东西挺厚的皮,里头没瓤,也不能吃。

正因为有这么段事儿,暑假回到城里头,可就有了话头了。尤其是得跟最信任的人说,比如说李家兄妹,他们是我最信赖的种植高手。当然还有玉爷,嘿,这玉爷有个邪的,就帮忙找个花盆,别的什么都没说,上篇《花生》里说过,他就这么个人,没说就没说吧。

我们怎么着,就一个字,种。他那是香橼,咱们这不是。水果摊上好吃的橘子多的是,选籽儿就得选这样的。没用几天,全选齐了,可就有一样,不是橘子下种的时候,那就等来年吧,到该种的时候再种。

北京的孩子里头,可不光我们种过橘子树,甭管有意还是无意,总之,种过的主儿多了。种出来长什么样儿,各位都还记着吧,无论是种在花盆里,还是花池子里,上不上底肥,长的都一样。挺高的一根挺儿,绿色儿,有叶,有刺,从来长不预,年年都蹿高儿,还指着它结橘子,等着去吧。

六九　无花果和夹竹桃

北京有些盆栽，与其说是养的花木，莫如说是院子里的陈设。比如说，无花果和夹竹桃。

在有回廊的院子里，通往庭院甬道的两边，一边一棵，像站岗士兵似的戳在那儿，非常醒目。这东西似乎有一定的规格，没有太矮的，起码得一人多高，但也没有太高的，约莫二米出头吧。

它们都种在大号的瓦质花盆里，这花盆可瞧不见，因为它还得坐在一个两边带铁拉手的木桶里，木桶外面通常是刷着绿色的油漆。

木桶套着有个好处，它能满处挪。天凉了，就请屋去，天暖和了，又请出来。两边一抬就走，比搬着省大劲了。若是天凉了还不太冷，移到回廊里头、拐弯处宽绰地儿，也未尝不可。没回廊的院子，没那么复杂，暖了外头，冷了屋里，如此而已。可是，万事都有一利有一弊，挪着简单，天暖和好说，天凉都挪屋里，未免挤挤揸揸[1]。

服饰、餐饮,都是一个时候一个讲究,种花儿也一样。现在上花卉市场转转去,看看都什么花儿,甭往远了说,和前十来年比,就大相径庭,有些连名都叫不出来。也有叫出来名的,无花果和夹竹桃,当初很时髦的,只是现在没什么人养了。

北京人有意思就在这儿了,为什么呢,咱们先把这两样花介绍一下,就明白了。先说无花果,它是:"落叶灌木或小乔木,叶大而粗糙,花单性,淡红色,隐于花托内,实为果肉,初色浅绿或蓝绿,熟时为紫红色。"(《汉语大词典》)听听,这东西是赏花儿,还是赏叶儿呀。叶子粗糙,横是也没大瞧头,花儿更麻烦,要是瞧得见,就不叫无花果了。

"夹竹桃,常绿灌木,花桃红色或白色,叶对生或三枚轮生,狭长似竹,故名夹竹桃。"(《汉语大词典》)要这么看,它比无花果强,开的花儿倒有观赏性不是。可还有个麻烦哪,"叶、花、树皮均有毒,含强心甙。"瞧瞧,这是怎么话儿说的。

在上世纪五六十年代,虽说养这两样花已近尾声了,但一些老家庭还都养活着。尤其在冬天,屋子再临街,隔窗望去,暖融融的屋子里头,正中间那点儿空间,就看见那几棵花儿了。我的同龄人一定还会记起路边的景象,记起那些屋里的花儿,它们不是无花果,便是夹竹桃。

吃主儿二编

---

〔1〕 挤挤揸揸,北京土话,拥挤的意思。

七○ 玉　兰

　　紫玉兰单说，白玉兰、太平花，以及梨树开花，都是纯白色。而且都是先叶开放，色彩搭配上，都略显单一，但并不妨碍它们在庭院中出现。

　　在北京，梨树还搁其在末，尤其是头两样，一般的院子里还瞧不见，必得是像点儿样儿的庭院里，才能见着哪。

　　玉兰，北京人谁不知道它呀。"落叶乔木，一般高三至五米，单叶互生，倒卵形状，长椭圆形。花大型，呈钟状，单生枝顶，早春先叶开花。花瓣九片，色白，芳香如兰。"（《汉语大词典》）

　　北京人太了解这东西了，还不止一个原因。就气候而论，和全国大多数地方比春来早，是谈不上的。它开花的时候，不能说是一花独放，也差不多。那时节，北京好些树的枝头上，还没泛出绿色呢。另个原因是花形大，这事儿在南方不新鲜，北方还真不多见。树上开花儿，这么大朵的，还真点不出什么来。末了一个原因，是北京人好吃，也常拿它的花瓣儿入馔。

　　而且吃法各有不同，治馔方式和烹制理念相差甚远。

《中国名菜谱》上的入谱名肴酥炸玉兰花，"选尚未开放的玉兰花朵，剥去外层花瓣，留内层，逐瓣摘下，过清水洗净沥干，将老面肥用水泄开，加精面粉，玉米淀粉，调成羹状，加入花生油调匀，置暖处发酵，待面完全发透，起泡均匀无酸味时，制成面糊。炒锅上火，下花生油烧至六成熟，将玉兰花瓣拖面糊下锅，炸至身挺色淡黄时，捞沥净油即成。"

菜谱是根据宫廷素菜的做法，整理而成的，而北京以前有些吃斋念佛的居士们，有另一种做法，与之大同小异。不同在烹饪用油上，他们认为花生油的油脂花生香气太浓，如果作为炸油，被炸东西的本味，常被花生油的浓香盖过，反而不美。所以他们酥炸玉兰时，用的油是一半香油、加上一半豆油的混合油。

关于用油，我在《佛教文化》杂志上专门介绍过。要补充的是，我们家那位曾经居士张奶奶，当年陪着我祖母，去同是居士的亲友家造访时，院里有玉兰的，都讲究用精心采下来的白玉兰花瓣款待他们。吃法挺简单，用洗净后的鲜花瓣、蘸蜜汁食用，蜜汁倒也不难做，就是用外头买的玫瑰卤，调到同是外头买的成品蜂蜜里而成的。

这东西我也吃过，不是在家吃的，家里没有玉兰树。是张奶奶带我上东单，路过谁家喝口水去，家里有玉兰的居士款待我们的。当时是没在意，后来我想，居士们的这种吃法一定有什么讲究，要不怎么到那儿，单预备这盘东西呢。

这东西要是没吃过，还趁早别尝，真没大吃头儿。再者了，原本是冰清玉洁、娇嫩挺实的玉兰花瓣,非蘸上黏么拽拽〔1〕泛着红色的玫瑰蜜汁,不蘸兴许还能吃,蘸上甜么索索〔2〕,更不是什么好吃口儿。

得亏院里没有玉兰,要不小时候,再怎么着也得受回罪。没有挺好,可也没躲过去,上外头还找补一回,这是怎么话儿说的。

〔1〕 黏么拽拽:北京土话,黏得粘手,拽读一声。

〔2〕 甜么索索:也是个老北京土话里的词儿,当作不该甜的东西有点儿甜,甜不是好甜的意思讲,跟"甜丝丝"根本是两个意思。"索索"读作"缩缩"的音,而且绝不可儿化。

七一　薄　荷

薄荷是一种多年生、草本宿根植物,在北京人的庭院里,也是常见之物。

首先是它生命力强,好养,也不必挑什么地儿,随便种在哪儿,甭管它,也能长得挺好。再者,它真有用不是,谁不知道它叶子里有股子凉味儿,可以清热解毒。

现在不太能瞧见了,以前到了暑热天,常有老太太脑门儿上,或是两边太阳穴上,各贴片儿薄荷叶儿招摇过市,如入无人之境,不能不说是当年北京市井中的一个景儿。真是此一时彼一时,这么着就上街了,贴在脑袋上,就往外走,这可是什么样子呢。老太太说得明白,管它什么样儿呢,先拔出点儿凉气来,这么着脑子清醒。甭管什么事,要让北京的老太太一说,可就麻烦了。

不只是老太太,那时候,但凡上点儿岁数的老北京人,都知道薄荷叶的另一种妙用。说薄荷叶儿能治猫咬,用新采的薄荷叶儿生捣成汁,抹上有奇效。其实早在 60 年代,我们就知道这是怎么档子事儿了。那会儿，我和同学们常会做药玩，依据之一那部《本草纲目》，在卷十四草部薄荷那段儿里，就收有治猫咬的这个验方。可以呀，要不怎么说、北京这地方文化底蕴厚重呢，就连街头巷尾、老头儿老太太的闲聊之中都能嗅出书卷气来，那还了得呀。

毕竟是家有吃主儿，还是说点儿和吃有关的事儿吧。想要食用薄荷，那真是方便之极。据《中国烹饪辞典》上说，薄荷分为栽培的和野生的两种，以色绿、叶多、无根、气味浓者为优。此说当指的是栽培薄荷，而北京人在庭院里种的，都是野生薄荷。即使是野生的，叶子里也有清凉味儿不是，就说味儿淡，架不住多搁，院里就有采的，爱搁多少搁多少。

至于说到汁多、无根，是和采摘栽培品有关。所谓薄荷有清凉味儿，不光说的是叶儿，还有茎。可若是说起气味浓，叶儿远胜于茎。采摘栽培品那是份工作，横不能说茎的味儿不浓，就撇下不采了。家里头单说，那么大片呢，爱采哪儿采哪儿。舍下茎去光采叶儿，采就采好的，哪个叶儿好，哪个叶儿绿，就采这样儿的。采得了没别的，透洗，洗干净了，加适量的水上锅煮，煮出来过滤，就成了上好的薄荷水了。

有了薄荷水，做点儿什么还不是随便哪。吃主儿做东西，凭自己的喜好，非得他认可好吃的才会做哪。玉爷、张奶奶爱把它添在荷叶粥里，或是莲子羹里，父亲喜欢用它再加上点儿事先煮出来的琼脂液做果冻儿，而邻居李家，全家上下皆吃主儿，非爱把它搁在绿豆汤里一块喝。我也这么喝过，那个味儿还真不错。

可有一样，他们之中的每一位，都不认可薄荷叶的另一种吃法，就是早年间，流行于拜佛吃素的一些居士之中的一款素肴，同时也是《中国烹饪辞典》上介绍过的一款山东名菜，炸薄荷叶。

上篇《玉兰》里，介绍的玉兰花瓣儿怎么炸，这东西就怎么炸。说实在的，还甭管曾经在什么人士中流行过，是不是名菜，就平心静气琢磨琢磨，费那么大劲儿做出来的，能好吃得了吗，绝不能够哇。

七二　百　合

　　有种中成药九转黄精丹，现在横是也不做了，上哪个药铺问去，人家都说没货。可在五几年六几年，这东西也太好买了，哪儿都能买着，售价极廉。蜡丸的，四分钱一丸。另有简装，用油纸包着，搁在盒里卖，四毛五一盒，每盒三十丸，合一分五一丸，整买这个价儿，零买贵点儿，二分钱一丸。

　　为什么要买这种药呢，大夫让买的，说男孩子吃它最好，能强身健体。哪儿的大夫呢，李稚予大夫，我父亲的朋友，住在我们家的后胡同新鲜胡同。当时他在家行医，后来供职于中医研究院广安门医院。

　　这事儿他不是跟我一个人说的，确切地说，不单单是跟我父亲说的，凡是碰见过的朋友，家里有男孩子，他都那么说。后来真有验证，在我上学的不同阶段，就读于不同的学校，在和同学闲聊之中，数次切入了这个话题。看来李大夫的朋友委实是不少，要不怎么那么些个同学都有这个记忆哪。

　　当年李大夫说这事儿时候，可不像有些医家那样，口授也好,写个条儿也好,把您打发到药铺里就算齐了。他必得让买药的主儿知其然,知其所以然。我清楚地记得,在他们家的书房里,他信手从案头抄过一本《本草纲目》,翻到卷十二草部,找到黄精那一条,逐句宣讲,也不管是几岁的孩子,照讲不误。

得亏我们家也有部《本草纲目》,又爱经常翻阅。他讲的就这段儿"主治,补中益气、除风湿、安五脏、久服轻身延年不饥、补五劳七伤、助筋骨、耐寒暑、益脾胃、润心肺、单服九蒸九暴食之。"

当年我刚多大呀,哪儿听得懂呀。前半段就甭说了,李大夫虽说是用手指头捋着书哪,可不是照本宣科,因为他眼睛始终盯着的是我,根本没往书上瞧,所有内容分明是背诵出来的。而后他着重讲的,就是那个九蒸九暴,这个药是怎么炮制的。敢情所谓九蒸九暴,就是蒸九回、晒九回,再搁点儿什么,它就能成丸了。

他跟我这么讲,想必跟别的孩子也是这么讲的,别的孩子听到这儿,有什么感受,我不知道。当时我听到这儿,就想起了蒸馒头、蒸花卷、蒸糖三角、蒸老玉米……我还对他往下找补的那几句感兴趣,说黄精长在山上的阴坡,香山一带就有,以后你长大点儿,可以上那儿挖去。这东西长的什么样,棵子什么样,根底下什么样,在地下多深采着的是上品,等等吧。

这东西有什么好,能用来干嘛,我全没记住。就是对那九蒸九晒感兴趣,恨不得马上就去香山采一回,心想着,采回来也不算完,怎么着也得九蒸九晒炮制出来,那多好玩儿呀。

真去采是上高中以后的事儿了，人选还真称得上是知己知彼，都是当年被李大夫点拨过的男孩子，你小时候的事儿我知道，我小时候的事儿你知道，这么个知己知彼。黄精怎么采，我们都是了然于胸，不是小时候的记忆，而是准备去采之前现补的课，那时候人民卫生出版社介绍中草药的书扯了，挨篇儿翻，都能找着详尽的说明文字和非常清楚的图画。

去了之后，溜溜一天一无所获。有点儿扫兴，可是也取得了一点点成果，虽然我们没挖着黄精，可是挖着了、同是在《本草纲目》和那些药书上介绍过的、另一种药材，百合。

挖百合可真费劲，这东西长得真叫深。小伙子还怕费点劲儿吗，玩命招呼吧，那么难挖的东西，愣让我们挖出来整六棵。小心翼翼带回来，移种在大紫砂花盆里，它还真活了。从此我们家的院子里，又添了一个景儿。不仅是我们院，那几位同学家也添了这个景儿，庭院里的百合，野生百合。

七三　桑　树

上初中的那几年，我最熟悉的西药，莫过于以下几种：葡萄糖酸钙注射液、肾上腺素、非那根、炉甘石、苯海拉明。

明眼人能看得出来，这些都是治疗荨麻疹的常用药。那几年我皮肤过敏，犯的还不轻，不光是身上起疤，里面也起，肚子里说哪儿疼，哪儿还就疼，折腾得我晕头转向。幸亏家里还认识个熟大夫，可以随时去找他诊治，不然的话，日子就更没法过了。

这位大夫名叫孙鹤龄，北大医院的皮科主任。他是我们院东屋黄家（黄苗子）的朋友，常上院儿里来。

孙大夫住在西堂子胡同偏西口，路北的一个院子里。每周我要去那儿两趟，由孙大夫给我静脉注射葡萄糖酸钙，或是肌注肾上腺素。就是这么着，那个病也没什么起色。后来还是孙大夫建议我去游泳，游好了的，看来什么病也不见得非得用药这么一样儿。

我记得，他们家住的那个院子，街门口是个很小的绿门，非常不起眼。院子说不上很大，但绿树成荫，有长势茂盛的藤萝架和不少棵桑树。

孙大夫是西医,但他会采中草药,也能自制中成药中的膏剂。有一天,他带了一罐子益母草膏送给哪个阿姨,还带来几株他采的长着四棱子的茎、开着小紫花的益母草。我就不懂了,为什么连采来的益母草都让大伙儿看,做得的膏剂就不让大伙儿都尝尝呢。

我明白这些已经是几年以后了,是和我的同学上香山挖黄精之前。不仅明白,我们还做过。把采回来的益母草晒干后切寸段,放入用火温热了的蜂蜜中浸泡,数天后,当蜂蜜已经把益母草完全浸透了,重置火上熬,熬好了捡出益母草段,再过滤就成了益母草膏。

提到益母草膏、益母草,就不得不再提另一种庭院里的中草药,确切地说,不是一种而是几种,只不过它们都长在同一棵树上,就是桑树上的桑枝、桑葚。孙大夫他们家那几棵桑树,要是这么采,每年能采多少哪。

采下桑枝,再弄点益母草,以桑枝十份、益母草三份之比例,放入锅中加水浸煮。煮后把渣子捞出来过滤,再上火煎熬成膏。再说几样儿,把经了霜的桑叶,放在火上烤,烧黑但不成灰,就是所谓的烧存性,研成细末,妥善收好。紫桑椹熟了,把它挑好的小心采下来,过水洗净后稍稍捣碎,用洁净的布包上拧成汁,入在锅中在火上熬成稀膏,再加上适量的蜂蜜继续熬,至稠后端锅离火,储于罐中收存。

几个半大孩子,为什么要做这些呢,是不是也想做好了送给谁呢,哪有这事儿呀,做这些纯粹是玩儿。同时还想证明自己,看看就凭我们有没有能力,按照古法去炮制那些书载的验方。当时玩得昏天黑地,什么都没想,是在玩中体会怎么炮制药材,还是在炮制药材中怎么去玩,还真是说不清了。

七四　紫花地丁

　　我在上文提到了二月兰。在北京，不只这一样儿叫二月兰，还有种二月里开紫花的小草，也叫二月兰，它就是现在常说的紫花地丁。

　　紫花地丁，也是北京春天最早开花的植物之一，比苜蓿还要早，大半是迎春花开不久，就能在庭院里、向阳墙根的砖缝里，发现它的踪影了。开的花儿很小，说不上醒目，但是准能瞧见它。虽然只是一种不甚娇嫩的紫蓝色，但在那片灰砖地上，和周围差着色哪，没法不瞧见它。在这片上，就数它和别处不一样。

　　开花儿的时候，叶子不大显眼，等花开败了，逐渐能瞧见叶子的模样了，还真像个农夫犁地用的犁头，也无怪它还有个俗称，叫犁头草。我们是不会这么叫的，都是看过医书的人，哪能那么不通事理哪。您瞧，说的还真狂。

　　也搭上是我和中学同学、看医书鼓捣草药的那几年，哪能轻易把在院子里长的，唾手可得的那几样都舍了去呢。可有个事儿挺遗憾的，邻居李家的姐姐哥哥们都长大了，尤其是会制作植物标本的大加，干脆分配到外地工作去了。要不然，把我们所认知并能采到的草药，整株挖出来，制作标本，那不也是很有趣的玩法吗。

　　在院子里生长的草药，可不只紫花地丁一样儿，还有什么，听我一样一样说。

七五　蒲公英和车前

　　蒲公英和车前,是庭院中可以轻易采到的另两种草药。所不同的是,蒲公英整株入药,但不包括籽儿。而车前,整株入药,它叫车前,单把籽儿采下入药,它叫车前子。

　　车前子是利尿良药,我就自采自用过。当然了,不是在北京,而是我下乡上宁夏那几年。有一年夏天,不知因为什么撒尿不畅了,就是医书上说的癃闭。怎么办,是忍着痛,走几里地,上卫生队瞧去呀,还是设法自己先治治。得亏连队上有卫生员,和本人英雄所见略同。说干就干,也搭上季节赶得好哇,东边那块空地上,成熟的车前子扯了,不大工夫,包煎的包儿都缝好了,跟个小枕头似的就下了锅。

　　这一大锅,我瞧着都眼晕,没别的,招呼,还别频服了,一碗接一碗吧。后来怎么着,真这么就好了。卫生员自然是功不可没,可我要没这点儿幼功,未必就真敢喝不是。

　　有人说,世上的事全背拉着来的。就说车前吧,籽儿能入药,可车前开花儿就一根挺儿,说绿不绿,说白不白,有什么瞧头。车前长得如何美，那不是胡说吗。蒲公英不然，别说籽儿不能入药，因为采不着，等到成熟了，也被风给刮走了，跟个小降落伞似的，飘得哪儿都是，怎么采呀。而当它花蕾初绽，一朵朵金黄的花儿，其花型简直就像缩小了的葵花，那么娇艳，那么漂亮。

蒲公英药性，和紫花地丁相仿，都是清热解毒，并有消炎的作用。在多条民间验方中，常会同时出现这两种药名。

说起紫花地丁，让我想起了开紫花儿的植物，又因为说起蒲公英，又让我想起了开黄花儿的植物。想起的这两样儿，又都是北京庭院里常能见着的花卉品种，不妨在下面写写它们吧。

七六　马莲和萱草

　　刚才想起的那两样儿,开紫花儿的马莲,和开黄花儿萱草,是北京庭院里常有的花儿。

　　这两样儿好种,而且好养。成棵的从哪儿移来,在这儿栽上就行了。只要能活,就能缓过来,还不必再管它了,也能长得挺好。种的地方没什么大讲究,以前,人们常把这两样东西种在一进门甬道的旁边、大门口影壁的前面、假山的左近,或者种在为造景戳起山子石的周围。选用的这些地方,甚至可以不怎么见阳光,它也能长得根深叶茂。

　　现在提起马莲,兴许会有人没见过。马莲亦可写作马兰,儿童神话剧《马兰花》说的也是它,可是就是这么说了,恐怕还是会有人不知道它是什么样。萱草不然,谁都知道把它的花蕾采下来,上笼蒸透后再晒干,就是食材黄花,或者叫作金针菜。

　　马莲虽说算不上食材,但是在我国的历史上,它和诸多食品有着很多的联系。北京名吃马莲肉,在制作中马莲必不可少。表面看来,马莲只是作为捆扎使用,但是在制作过程中,被捆的肉块分明是吸收了马莲的香味儿。这样才能在做得之后，还能发出那股与众不同、马莲特有的清香，也正是成为北京名吃的理由。

再比如，这次捆的不是肉，而是用粽叶包的粽子。当然，捆粽子不见得非用它，用小线儿，棉线或是麻线，但蒸得了就会发现，蒸出来那个味儿，总像是缺了点儿什么。倘若同时有刚出笼、用马莲捆扎的热粽子，就明白是怎么回事儿了，敢情缺的就是那个味儿。

用作捆绳，是取其味儿。而六七十年代，以及六七十年代以前，很长的历史时期，马莲在市场上所充当的，就是捆扎食品的绳。刚出锅炸得的热油饼，用根马莲一穿，提着走吧。买条鱼也用它，在鱼鳃上穿过，也提着走，这是最容易的，捆螃蟹，可就不是谁都能干的活儿了。买的还不是一只，讲究捆成串，三四只、四五只，没点儿技术行吗？还甭捆这么多，就是一只，一般人未见得就能把它捆住、提溜起来。

当年肉铺用于包装的材料，除了荷叶，就是一种很薄的木片纸。而鱼店除了马莲，什么都没有。

马莲还能做工艺品，我们姑且把做得的东西叫作工艺品吧。每年在暑夏，最难熬的那几个月里，用鲜马莲编的青蛙、蚂蚱、虾米，就有人串街卖了。编得挺好，卖得也不贵，就是青马莲编的，干了它就散。要这么卖，这东西只能算是个玩意儿。若是有机会，在艺术家云集的地方，再有间工作室，还别用新马莲了，也别用老马莲，用点儿塑料条儿，染成马莲叶的模样，还编那些个，就叫工艺品了。可也没人买了，连点儿鲜亮劲都没有，要它干嘛。编玩意儿就是玩意儿，还别给升级。买一个几毛钱，光着脊梁，往身上一挨，本来不觉得凉，心理作用也觉得凉丝丝的，是那么的舒服。

翻回头说这两样儿草吧，它们和庭院里的玉簪一样，从种的地方、长势、模样，多少有点儿相似。玉簪开花的那股子香味儿，它们没有，也恰恰没有那股浓郁的香，显得它们更加稳重，不那么张扬。

现在说这事儿费点儿劲，只有对旧庭院的营造和布局有所了解的人，才能够体会什么样的花草最适合陪衬。所要陪衬的，是人们要刻意表达的主题，哪能容得了作为陪衬物的喧宾夺主呢。它可能开花儿，可能不开花儿，即使开花儿，也没什么模样。花儿不能说没香味儿，可也没太大的香味儿，更没有诱人的、使人难以忘怀的香味儿，这些就是不张扬。

作为陪衬使用的花草还有讲究，它多是硬根的，若是不用老北京话说，就说它多是多年生草本植物，当然也包括灌木。这样的东西有个好处，无冬历夏，多少年来，它那块地方都是一个样儿，没什么大变化，也别今天这样儿、明天那样儿，换来换去乱眼睛。

在庭院里，马莲和萱草就是作为陪衬之用的花草，而玉簪不是，就是因为它太香。在独门独院的大宅院里，讲究看的是景儿，体会的是意境。虽说它们是陪衬，是陪衬看景儿的玩意儿，但它们本身也是景儿，是我记忆中挥之不去的景儿。

七七　茉莉和玉簪

北京人爱在庭院里种花种草，茉莉和玉簪也是常见的两样儿。

首先是它们都极为好种，只要把各自的脾气秉性摸透了，种这两样儿没个死，还都得是年年开花年年香。

茉莉是常绿灌木，在北京适合盆栽。原因显而易见，北京冬天冷，在冷之前，把它端走，请到屋里去，就不至于冻死。可是这屋虽说不能上冻，也不能太暖和，说了归齐，就是得把它请到没有火的冷屋子里去，在那儿过冬。转过年来，它才能茁壮生长。

若想让它多开花，还有办法，施肥。那时候，北京人用的花肥，无非两种，做芝麻酱剩下的麻渣，和从马蹄子上削下来的马掌。这两样儿必须沤过之后，方能使用。沤这东西也不难，找个高点儿的坛子，还得有盖，坛子不带盖不要紧，找块能严丝合缝盖上坛子口的方砖，或者青瓷砖均可。把麻渣，或是马掌，任取一样放在坛子里，灌上水，盖儿盖严了。在院子里找个不碍事的地方，挖个坑，把坛子坐在坑里，再检查盖儿严不严，全弄完之后埋上土,就算是沤上了。至少一年以后,把它沤得了,才可以使用。

使这东西得注意,一来沤好的是奇臭无比,真得忍得住。二来千万得适量,过量就把花儿烧死。当然,养花儿的主儿,都知道怎么用,用多少。可这说的施肥方式,只限于自家养的茉莉,若是新从花店买回来的就单说了。

当年花店卖的茉莉,通常是三种价格。其中小盆的,枝子长得不是很大,这是花店从大株的茉莉棵子上,用压条的方式,繁殖的新盆。它到该开花儿的时候,能不能开花儿都两说。即使能开,也没有几朵儿。可是也有个好处,便宜,六七块钱一棵。还给它灌沤肥,根本承受不了,要施肥也得再养上几年。

另外两种都是大盆的,卖的价钱不同。一种看着是真棒,叶儿是叶儿,花儿是花儿,怎么长得那么茂盛呢。价钱还合适,十几块钱,比同样大盆、开的花儿还不这么密的便宜一半还得多。

明眼人都知道,只有那卖三十五六块一盆的才是好花儿呢。十几块钱那盆,本身已不怎么样了,给它施肥,让它长叶儿长花儿,所谓美景,纯粹是回光返照,谁要不懂,把这样的请回去,满完。而卖三十多块的好花,头买回来那年,也不能贸然施肥。得观察些日子,看看缺不缺肥,该上还是不该上。

玉簪另有讲究,它不是盆栽,而是种在地上的多年生草本植物。《本草纲目》草六玉簪:"玉簪处处人家栽为花草……六七月抽茎,茎上有细叶,中出花朵十数枚,长二三寸,本小末大,未开始,正如白玉搔头簪形。"可别轻易施肥,它就是不施肥,每年花儿开得也好着哪。既是这样，何必画蛇添足。

茉莉和玉簪，不仅是美化环境，对某些人家儿来说，种它们还能添补日子。五六十年代，北京有这么个景儿，隆福寺、护国寺、西单、王府井、大栅栏，这些个有戏园子，又特别热闹的地方，有用细铁丝、穿上茉莉或玉簪的鲜花饰物出售，卖这个没有吆喝的，买与不买一律自便。他卖得真不便宜，通常是三个玉簪的花蕾，两朵茉莉，索价三四毛钱。现在听着是不贵，那时候猪肉六毛钱一斤，羊肉四毛五一斤，这个鲜花饰物便宜吗。

他卖的不是花，而是功夫钱。别瞧一个一个编得那么规整，自己试试就知道了，它也太难编了。我说这话不亏心，我编过，前院的李家哥哥姐姐们都编过，没有一个成了的。其实倒也无所谓，架不住我们原料充裕，用什么铁丝呀，找根线、找根针，把它纫上，底下绾上个疙瘩，齐活。管它是玉簪棒儿，还是茉莉花儿呢，穿一大串儿，再把两头拴上，套在二加、三加或是大加的脖子上，多有意思呀。

我们也曾用茉莉花熏过茶叶，可是一次也没成功过，原因就是不知道怎么熏。要是先把茉莉花儿采下来，晒干了，再搁茶叶筒里，根本做不到，茉莉花儿干了，香味儿也没了。要是把鲜花直接搁在茶叶筒里，备不住茶叶会受潮。茶叶也不是便宜物儿，哪儿能为了玩，糟践东西呢。

七八　野茉莉和指甲草

北京人院子里的花草,把野茉莉和指甲草一块说,自有道理。因为对生活在北京的女童来说,这两样儿能长出她们想要的官粉和蔻丹。

早年间,人们把化妆用的白粉叫官粉,管染红指甲的指甲油叫蔻丹。尤其是指甲草,知道的人更多一些,确实有不少人是用它染红指甲。

这东西也好弄,等到开花儿了就去采吧,桃红色的采,浅点儿色的、瞧着不鲜亮的,全不要。采完搁在乳钵里头,捣成汁儿,往指甲上抹去吧。家里没有乳钵也没关系,找个碗,再找根擀面杖,照样能捣出汁儿来。那时候,北京的小姑娘们,染的红指甲,十有八九用的就是这种蔻丹。

野茉莉和指甲草还不大一样儿,先说它是什么样的植物。野茉莉是北京的俗称,这东西长得一点儿也不像茉莉,只是它开的花儿,有一股近似茉莉的花香。它是一年生草本植物,株高三四十厘米,个别高的也有六七十厘米的。茎长得似乎是一段儿一段儿拼起来的，有点儿像骨头，两头骨节部分微微有些发红。倘若连根拔起，会发现它的根简直像是一根春天上市的小红萝卜，只是根皮比萝卜粗糙。

它开了花儿，可了不得了，真可称得上是繁花似锦。什么色都有哇，红的、紫红的、粉红的、白的、半白半紫的、半红半紫的，深浅还不同，要都把那些色说全了，还真不大可能。开花儿的朵儿，比茉莉花儿大多了，怎么看花儿的直径都和小瓶可乐的瓶盖相仿。

野茉莉的花儿和官粉没有任何关系，叶子也和官粉无关。有关的是它的种子，将近成熟，尚未完全干透的种子。成熟的种子是黑色的，仔细审视它的外观，很像一个缩小的宫灯模样。而种子还未成熟的时候，外皮没有完全变成黑色，绿黑相间，斑斑驳驳，把它的外籽皮剥掉是很容易的。种子的内籽皮黄色，形状有点儿像薏仁米，有绿豆大小。

谁能想得到呢，就是这种花儿，就是成熟到这个程度的花籽儿，剥去外皮，取出的净仁儿，用手一捻，它就成了极细腻的白粉。女孩子们说的官粉，就是这东西。官粉的采集颇为严格，不到这时候，籽仁儿捻不成粉状。过了这时候，籽外皮还剥不开了。它变得又干又硬，即使借助工具撬开也白搭，籽仁儿也是又干又硬，再捻不开了。

好在院子里要种这种花，哪怕只有一棵呢，该打籽儿的时候，结的也多了去了。况且院子里种草花，哪有就种一棵的。再者了，它和指甲草的花儿不一样，那个真有人拿来当染指甲的指甲油,而官粉,纯属孩子们的玩意儿,还没见过谁家孩子为了白净,真往脸上招呼的。

甭管怎么说吧,这两样儿北京人爱种的花草,曾经在多少个庭院里生长过,开的花儿也好,结的籽儿也好,是多少孩子的美好记忆。

第八分

七九 枣 树

　　我们院，和后胡同 28 号，是一墙之隔的两个院。在那条胡同里，有一所小学，是我就读的第一所学校。学校的校园里有棵枣树，和我们家相邻的那个院子里，也有棵枣树。

　　北京的庭院里有棵枣树，不是什么新鲜事。不仅如此，品种还多哪，像马牙枣、尜尜枣、梨枣、葫芦枣、大枣、小枣……像我这个不怎么爱吃枣的人，都能如数家珍似的，说出这么些样儿来，更何况专好这口儿的主儿呢。

　　院里有枣儿，未见得自己就能收着，而我不怎么爱吃枣，偏就有这个口福。这是怎么档子事儿呢。因为枣树这东西，真往直里长的不是没有，但有相当部分的枣树，它歪着长，比如与我家相邻院子里的那棵，就是这种情况。

　　挺大棵的树，可是树冠分明是歪一边去了，树冠所罩的地方，他们院里没多少，绝大部分罩在我们家院子里和房顶上。那是在几月呀，枣花儿开了，还甭往最里院去，刚走过前院，走到通往我们家的过道里，就能闻见随风飘过来的阵阵枣花儿香。

这是个安逸的事儿，可还有麻烦事儿哪。且不说在哪场大风过后，或是风雨过后，满院子都是从枣树上、从房顶上刮下来的，带着残败的枣花儿、或者不点儿小枣的叶梗，为它得多扫几回院子。就是在自家院子里，从这屋奔那屋，也不能为了贪凉脱光了上身，备不住从树上掉下来的什么虫子，正好落在大板脊梁上。

枣儿终于熟了，别的院子里都开始打了。枣树不怕抽打，越打来年长得越多。可是这家不能打，不是不想打，而是在他们院子里，即使拿着用两根竹竿绑在一起的长竿，他也够不着。就说能够着，又有什么用，自由落体原理总还知道吧，打下来的枣儿，掉在他们院里没几个，大多数全落在我们家院子里房顶上。

好在这家儿是老街坊了，和我们家一直修好。每年这个时候，都事先登着个梯子，架在树上，摘下一口袋枣儿来。摘的时候有分寸，哪个好摘哪个，哪个熟摘哪个，尽量都得是又大又红的。摘完了还得过一遍，把有虫眼儿的挑出去，凑那么多半口袋。把梯子靠在与我们院相隔的那堵墙上，上个三阶两阶的，不能上高了，以头部刚越过墙头为度，和我们院里打招呼，叫出人来，把那口袋枣递过来，讲明了今年又该打枣了，又要打扰了。而后才能移师我们院，去办这档子事儿。打的时候尽量站在墙头上，不踩我们家的房，打完了还得把院子扫干净了，把该撮出去的撮出去，别再添更多的麻烦。不止是我们这家邻居，谁家遇见这样的事儿，都是这么解决。

北京人喜欢枣树，不仅因为"桃三杏四梨五年，种枣当年就还钱"。这东西活得长远,结果儿的年头又长。那么几十年过去了,结的比以前少了都没关系,在半人高的树干上,用刀斧挖下一圈树皮,谓之开甲,过后又能果丰如初了。同时,它长得还皮实,不需要更多的管理,虽然有大年小年之说吧,总还是年年都有收成,白捡的。

这东西就一样美中不足,也是由于生长特点所造成的。它的根条生命力太强了,瞧去吧,所有种着枣树的院子里,地没有平的。即便是庭院里整整齐齐青砖墁地,也让它拱得凹凸不平,就不要说是青砖了,就连台阶上的青石板,也能被拱裂了。

故此,在北京,有枣树的院子都不是什么名宅大院,或者说,在这样的院子里,人们不种枣树。但凡事有个例外,皇宫内苑,确切地说,在故宫的御花园里就有枣树,但仔细观察就会发现,那儿的枣树不是一般的品种,而是像常见的龙爪槐、龙爪柳那样的观赏树,姑且叫它龙爪枣吧。其长势极慢,几十年前看见有多老高,几十年后还是那个样儿,那就自当别论了。

八〇　黑枣树

黑枣树,我们家没有,可是我们单位有,就在故宫研究室办公的那个院子里。朱家溍先生、刘久庵先生都曾经在那个院子里工作过,也是郑珉中先生、聂崇正先生诸位先生现在工作的地方。徐邦达先生现在是不上班了,以前也在这个院子里工作。

紫禁城出版社尚未搬到十三排办公区之前,我和我的同事们也曾经在这个院子里工作了十几年。我们天天都能瞧见这棵树。

这棵黑枣也只能瞧瞧。每年都开花,每年的结果,甭管哪年,都结得不老少。可是果子不能吃,熟了的时候是黄色的,怎么搁也变不了黑,真要黑了就烂了,即便不烂,也变得又干又硬,跟外头买的根本俩东西。真有好吃的黑枣,别看模样不济,吃着又软又甜,这个我就甭解释了,北京人谁没吃过黑枣呀。

从小就听说,黑枣不嫁接不能吃,可怎么个接法就其说不一了。就有说用柿子树作砧木,用黑枣树枝扦插的。也有说用野生黑枣树作砧木,用果树里的黑枣树枝扦插的。不要说什么是野生的黑枣树,什么是果子里的黑枣树,是不是都是原生树了,就是砧木这事儿就够麻烦的。

还有更麻烦的哪,说是用黑枣树作砧木,用柿子树枝扦插。我听着就更二惑了,这么接完了它还能结黑枣,怎么想,结出来的都得是柿子。

嗐,也别瞎琢磨了。就是琢磨出来,又有什么用,就说会接了,也是人家的翻版。况且长出好吃黑枣的树,未必是接出来的。再者了,就看看现在的市场,什么样儿的干鲜果品没有哇,可是这里头没有黑枣。以前倒有,有也跟没有差不哪儿去,它卖不出好价钱,根本就不是个能登大雅之堂的果子。

果子铺、果子摊不卖这东西,唯一卖这东西的地方就是糖市。在《吃主儿》中提到的朝阳门内、门脸奔西、专卖廉价吃食的那个糖市,最上品、最好吃的黑枣,不也是只配在那儿撮堆儿卖吗。

世界上的很多地方,并不像我国有那么多的物种以及食品资源,可是他们知道这是大自然赐予人类的恩物。就连不结果子的枫树,还想主意鼓捣出枫糖来哪,更何况黑枣还是种果子呢。

我国自古以来,树上就能结出好吃的黑枣。它是怎么结出来的,我可以不知道,但有那东西的地方的人知道,种它又不费劲,产量又高,琢磨出点儿什么招儿来,也不会是太伤脑筋的事儿,那又何乐不为呢。

八一　桃　胶

　　谁没吃过水蜜桃哇,水蜜桃柔嫩多汁、香甜可口,是非常好吃的水果。在北京人的庭院中有棵桃树,也是个很平常的事,可是还没听说过在谁家的宅子里能收着这种果子。

　　本来嘛,在院里种桃树哪儿是为了解馋哪,它就是个看景儿的玩意儿,说得再确切点儿是赏花。桃花开的时候,正值杏花开,海棠花开,梨花开,几样春花,或粉红,或雪白,交相呼应,一派春意盎然的景象,真可谓赏心悦目。

　　在北京的院子里,桃树不止一种。一种是毛桃,开花粉红色,花儿谢了还真能坐几个果儿。果儿不大,始终是青的,故名。另一种枝条多、枝子细,从树的外观来看,甚至都看不出是棵果树。花开得漂亮,颜色比上一种艳丽,它也有个名儿,叫夭桃。那是听玉爷说的,至于按植物学的说法对不对,我就不知道了。

　　知道不知道有什么用,反正北京人种桃树也不研究物种。但是在北京,确有相当部分的特有人群、对物种格外关注,这当指的是北京的孩子。有一首流行于北京的童谣:"吃呀,吃呀,吃毛桃呀,吃得我的心里怪难受,找个墩墩坐一坐。"童谣没头没尾,但它把要表达的事儿说清楚了。

毛桃从外观上看,和能结出水蜜桃的桃树、没有什么区别,可怎么就结不出好吃的桃儿呢。再者,桃树除了赏花,难道真不能再吃点儿什么了吗。桃树上还真有能吃的东西,只是北京人没有这种饮食习俗,也不知吃的是什么、怎么吃,它就是桃胶,也称为桃油。它是从桃树皮中分泌出来的树脂。"半干性固体,琥珀色……软滑腴润,四川用为菜肴原料,用制桃油鱼脆,桃油果羹等菜品。"(《中国烹饪辞典》,中国商业出版社)

知道得晚了,李家院里就有桃树,我们小时候还少玩那桃胶了,弄下来放在小锅里,加水熬,说是要做胶水,拿根小棍,蘸上点儿,拿它粘蚂蚁……这不是糟蹋东西吗。但凡要知道它还能做吃的,怎么着也得试试不是。做得了吃不吃搁其在末,要是这么玩儿,那多来劲哪。

八二　杏儿·杏干儿·柿饼儿

杏树,也是北京庭院里的常见树。我们院里没有,可是,每年青杏刚下来的时候,走街串巷、卖杏蘸蜜的小贩还少哇。那杏儿是哪儿来的呀,还不就是从自家院子里采的。确切地说,只有其中一部分是采的,大部分是刮风、从树上刮下来的。谁能把院里的青杏都采下来这么卖呢,又卖不出多少钱。何不等到杏成熟了再采再卖呢,卖个好价钱。

北京土话是一种口语,有些话有音无字,一般来说,碰上这样的事儿,往往是用个同音的别字来表示,落在纸上才会让人看得懂。北京土话还是种消亡的语言,看别字能懂,那得是知道这个词儿的主儿,若是不知道,即便是看见了这个字,他也不知道什么意思。就比如在早年间、北京流行的一首童谣,现在不常听见了,我的印象中,50 年代以后就没什么人这么说了。什么词呢,"要吃桃儿,桃有毛儿,要吃杏儿,杏儿又酸,吃个沙果儿面丹丹。"这句里的"丹"字,若是不把全文儿连着看,谁能知道这个"面丹丹"当什么讲吗。

"面丹丹"就留给北京土话的语言专家们去研究吧。还说这杏儿,它要不酸能叫杏儿吗。当然,有不酸的杏儿,但所谓不酸,是与酸杏相比较,倘若一点儿酸味儿都没有,那这个杏儿还有什么吃头儿。

不但杏儿没吃头,杏干儿也没吃头。现在市场上的杏干儿真不酸,不但不酸还甜。用大量的糖,或是甜蜜素腌渍了,它还能酸吗。这么做也没什么不对,一来卫生,二来精工细作,再搭上技术改革,杏干儿用山上的野杏做的少了,改用产于新疆地区的优质甜杏作为制作原料,那做出来可不就是这种口感吗。

也因为这样,以前想干的那些事儿,全干不了了。首先,果子干儿是没法儿再做了。藕好买,柿饼不大好买,质量有问题。近一两年,有从韩国进口的优质柿饼儿,虽说贵点儿,但还是能用。就是欠这一样儿,要做果子干儿,却没有杏干儿,真没法儿做不是。

果子干儿毕竟是一种吃食,做不了做不了吧,可是想干点儿别的,也干不成了。比如,从什么地方淘换来个宣德炉,以前还真用它烧过香,烟熏火燎,弄得黝黑黝黑的。这要搁在以前太好办了,上果子摊,买上三四毛钱杏干儿,熬上一锅杏干儿水,把炉子入在里头,煮个把钟头捞出来再瞧,哪儿还有脏呀。

再比如,上哪淘换来点儿铜制钱儿,银元也如是,包括铜器、银器,要想让它见见新,又毫发无伤,都能用杏干儿水煮。

现在行吗,这东西含糖量那么高,用它煮,脏儿没下去,倒渍上好些个糖,可怎么办呢。所以说,任何东西都精工细作,未必就是好事。

再翻回头说那柿饼儿，最优质的竟是韩国进口，这不是笑话吗。柿树也是北京庭院中的常见树，高庄儿柿子也好，盖柿也好，稍微经点儿心，做出质量好的柿饼都不难。就瞧现在市场上吧，最优质的国产柿饼讲究搁在塑料盒里卖，透着盒看着似乎挺卫生，可是打开备不住就会傻了眼，这东西愣没霜儿，您说奇怪不奇怪。

光没霜儿不要紧，还有往上刷糖粉，假装是霜儿的，那就更可气了。还有被盒捂变了味儿的呢，虽说还没坏，吃着也不是味儿了。我就纳了闷了，柿饼儿干嘛非得这么包装呢，至于柿霜儿，是在包装时蹭掉的，还是原本就没有，那就不得而知了。

272

吃主儿二编

八三　葡　萄

　　北京可真有大宅子，那是在六几年，我上中学那会儿，父亲带我上一家儿挖花去，其实挖的也不是花，是娑罗树和矮竹子。

　　那宅子可真叫大，光是大没什么新鲜的，步入那儿的感觉就如同到了北海、颐和园。进了门没多远，就有一座用太湖石堆砌的假山，再转过去，敢情还有河哪。河上有座石桥，一条大船正有人撑着篙穿桥而过。

　　再瞧桥这边，山坡上立着个日晷，就是小点儿，和在那些公园里见过的一样一样的，若不是亲眼所见，谁会想得到在什刹海北岸，还能有这样的民宅。

　　记得那次去，还没出家门，父亲就一再叮嘱我，说这家儿不同于别家儿，到那儿规规矩矩的，别多说别少道什么的。又说这家儿是以前在宫里、给皇上当差的花把式的后人。也搭上那会儿我小，听见什么都没往心里去，现在回想起来，当差的那位能是花把式，是内务府的呀，还是哪个贝勒呀。那就甭管它了，反正在解放之后,"文革"以前,北京仍有这样的私宅。

娑罗树、矮竹子是怎么起的,我挖没挖,全没记住。只记得是雇了几辆三轮儿,把它拉回来的。还有一件事儿记得真真的,在临走的时候,那家儿特为我、从葡萄架上剪下来一串葡萄,我是坐在车上把它捧回来的。

一串葡萄犯得上这样吗,搁谁也得这么着,那串不是很大,两只手总算还能拢得住。可是,这样的一串葡萄,只有八个珠,每个珠都跟乒乓球似的。还别提现在的乒乓球葡萄,那说的是像乒乓球,具体个头儿比乒乓球小多了。

葡萄不是满紫,绿中带紫,挂着白霜,熟得恰到好处。口感如何呢,还是葡萄那个味儿,没有玫瑰香那么香,没有红提那么甜,没有巨峰那么肉头,但那个头儿让我记它一辈子。

如果抛开这个品种,在北京的庭院里,有葡萄架是个很平常的事儿。因为葡萄不同于紫藤,用不了那么大的地方。要是有个藤萝架,院子真得宽绰。搭架子的材料还得结实,最起码,粗竹竿子不能使,撑不住它,怎么着用的也得是杉篙。还得把它搭在个四不靠的地方,即便是搭在哪溜房子的左近,也得有人归置,枝蔓要上了房,房顶子可就玩完了。

再者,还别说紫藤用于纳凉,那是其次,主要还是观赏。说赏花都未必合适,挺漂亮、挺香,那是没错,花期短哪,也就春天这一季。赏的是势,也就是藤蔓的走势。匍匐在架子顶子上的,不在观赏之列,主要是观赏土之上、架顶之下的那部分。观其势,犹如蛟龙,还是宛如巨蛇,才是它的魅力所在。

小地方哪能种这个，就是对房子不在乎都白说，它能长出什么势来，凑合能活，就算是不错。

葡萄架就不然了，院子宽绰更甭说了，院子窄巴点儿也没关系，用不了多大地方，有个二米来宽，三四米长，也就行了，还不用搭太高了，也就是屋前的高着点儿，别让人出出进进地猫着腰。搭太高了，真结了葡萄不得够。还有个原因，搭的越高，搭架子的材料越得吃得住劲，干嘛自个儿和自个儿过不去呢。随便找点粗竹竿子、木头棍子、木头条儿……牢牢地捆结实了，就算是大功告成。该浇水浇水，该施肥施肥，得机会弄个死猫死狗唔的，埋在根边上，转过年去，结的准比头年多。

院里没有也没关系，谁家有上谁家匀去。不用挖不用移，在适当的日子口儿压上根条，过些日子，请回家去一栽就齐了，至多几年，也能吃着葡萄了。就有一样，压的是哪棵葡萄上的条，它长出来的葡萄，跟那棵一个样。

偌大的北京城，葡萄没几种，一种圆珠儿紫色，另一种与其极为相似，只是成熟时也不是全紫，还有绿中带紫的。这两种葡萄成熟时，都挂着白霜，手工艺人葡萄常做的葡萄，就是以这两种当作蓝本制作的。

还有一种是长圆珠儿绿色，成熟的时候，珠上常带着一层黄锈，北京人俗称马奶子葡萄。口感胜于上两种，就是产量颇低。种这东西还有个麻烦，是不是真的不知道，反正北京人常这么传，说是它最爱招马蜂，马蜂把串儿上的一个珠儿盯了，这整串儿都能烂了。我就不明白了，马蜂怎么专跟这绿葡萄过不去呢。

甭管怎么说吧，这三样葡萄，都比不了大宅子里的葡萄，从品种上就比不过，俗话说物以稀为贵。若是单从口感说，那个大珠葡萄，又比不上这三样。其实不只是葡萄，在我们所能接触到的食物中，这样的事儿扯了。

八四　紫葡萄

　　紫葡萄不是葡萄，而是一种紫色的浆果。浆果黑紫黑紫的，很像黑紫色的葡萄，可能就是这个原因，人们管它叫紫葡萄。

　　若是仔细观察，它的果柄，以及结在果柄上的浆果，跟葡萄长的大不相同。如果抛开颜色，只从长的样儿来看，更像是一嘟噜西红柿，或是茄子，单纯从果型来看，又不怎么像西红柿了，更像是茄子。只是茄子在一嘟噜上结不了这么多。而在它的果柄上，结上两三个的，几乎是没有，最常见的是五个，或者更多。

　　它的叶片，长得比较柔嫩，叶型略呈棱形，有点儿像秦椒的叶子，不是辣椒，没有辣椒的叶子那么长。秦椒很难瞧见了，它是五六十年代，北京栽培的一种柿子椒。没有现在的柿子椒那么大，果壁比薄椒厚，比厚椒薄。

　　紫葡萄的棵子长得很矮，整株最高也不过有三十多厘米。而且长在很不起眼的地方，或是在墙根、墙角、大树底下，或是在花池子里，混杂在杂草里，不仔细根本发现不了它。这说的还是挂了果儿，果子变紫、熟了的时候。若是没有挂果儿，或是绿色、尚未成熟的时候,就更发现不了了。

再者说,它的果子个头儿也太小了,比红小豆的豆粒大点儿有限,可不是不容易发现吗。不管是多大的院子,每年要是发现个三五株,那就算是多的了。

谁也不知道它从哪儿来的,也不知道怎么就长在院子里了。纵然如此,在北京生活的孩子,没有不知道的。因为它太好吃了,甜甜的,软软的,确实令人难忘。也许,还因为它太少,是个可遇不可求的东西,所以更加难忘。

八五 沙 枣

我下乡去的宁夏,六五年走的,七四年回来的,溜溜小十年。去的地方挺好,叫平吉堡,是个奶牛场,还盛产西瓜。

宁夏这地方也怪了,就说那枣,在北京是多常见的东西呀,在那儿我愣没瞧见过。可是,还不能说宁夏没枣,那地方盛产一种枣,只不过跟北京的枣根本是两种东西。

它叫沙枣,也叫夏桂,夏天开花,有一股浓郁的桂花香,故名。宁夏道情、宁夏民歌,常把这个词儿镶嵌在歌词里头,在宁夏可谓是家喻户晓。沙枣也确实值得人们赞颂,它具有很强的抗风沙能力,是沙荒造林的主要植物之一。

在我们的垦荒区,二百米宽、八百米长条田外的防沙林带里,最外侧种的就是沙枣树。小树单说,稍微粗着点儿的,上头的枝子该怎么长怎么长,从树干上、从树根底下,还都能长出枝子来,直挺挺的立在树冠的侧旁,这就是沙枣树的特征。

为什么会这样呢,那就得提起达尔文了,因为这种植物为适合自然条件,可以生存发展,在自然选择中发生的变异。那个地方的风沙也太大了,尤其是在垦荒造田的初期,简直是肆虐,刮起风来遮天蔽日,在风沙的冲击下,把树的主冠刮折了的事儿屡见不鲜。若是别的树麻烦点儿,死不至于,缓上来可就费了劲了,少说得几年。沙枣不然,且不说其主冠枝条柔软,富有弹性,本不易刮断,即便刮断,还有一拨生力军,劫难过后,它依然挺拔,依然繁茂。

此物还是经济作物,叶子可作为饲料喂养,成熟的果子可食。沙枣和红枣不同,必得成熟了,才能食用呢。红枣没熟的时候叫青枣,也可以吃,只不过不甜,不怎么好吃。未成熟的青沙枣,果肉没什么水分,肉质又沙又面,吃在口中如同蒸熟了的土豆,没有甜味儿倒无所谓,要命的是吃一个俩的没什么,多吃点儿就会便秘,要不吃果导,数天之内都排不畅。

有些事儿往往是双面刃,知青们净拿它当药使,吃什么不合适了跑肚,只要没有感染,不是痢疾,首选此物替代炭片使用。也搭上当年卫生条件差,看个病要跑很远,这东西伸手可取,那还不用。

虽然照常理说,北京不可能有这种树,可是还真有,地方也不远,就在王府饭店左边,东堂子胡同 2 号的那个庭院里。以前是金姓人家的宅子,现在是大杂院。这棵树在那院里不少年了,我小时候就瞧见过。

现在要想看见也不难,哪天走到那家门口,只要大门开着,种的地方正对着街门,放眼望去,一目了然。

八六　豆骨蔫儿

在北京话里有好些个词儿，是有其音无其字。比如有这么种植物，它结的果实，叫"豆骨蔫儿"。我写的就是它的音，第三个字还得儿化。现在四十年岁的北京人，能按这音咂摸出我要说的那样东西。

还有个简单方法，《四世同堂》里有个反面角色，叫"大赤包"。当然了，要写就得写这仨字，若是按北京话说，不是这个音，得念成"大尺包儿"。赤包是一种植物的果实，长的模样是个椭圆体，简直可以说是一个缩小了的橄榄球。成熟之后，通体红色。拿在手里捏，它的外皮很不容易捏破，即便把心里捏得很软，外皮也不会破。孩子们以把它通体捏软、而外皮不破为消遣。按说这东西也没什么好玩，乐趣仅限于此，但毕竟是一个年龄段的孩子爱玩的东西之一。

豆骨蔫儿也是一种植物的果实，只不过长的模样是个灯笼状。把它的外皮撕开，里边是个圆形的果实，熟了也发红，没有赤包红，而是黄红色。这东西可不好捏，外皮没有赤包韧，但是产量高多了,只要种上几棵,结的果儿扯了。

它在北京是个常见物,可有一样,别瞧我从小就见过,也没少玩过,可从来没有吃过,也不知道怎么吃。这二年,在干果子摊上愣发现这东西了,当时是急着要走没得问,再去又见不着了。所以一直疑惑着,真想找个明白人,问问倒底是怎么回事儿。

后　记

　　《吃主儿二编——庭院里的春花秋实》是在《吃主儿》之后，本人奉献给读者们的又一本闲书。

　　《吃主儿》里所说的吃，还包括买与做，都是北京人日常生活的一部分。在自己居住的庭院里，养花、栽树，归置个花池子，鼓捣几畦菜。无论是为了看景儿，或者是想采点儿什么，收点儿什么，随心所欲，这些个也是北京人日常生活的一部分。

　　北京人对于他们所居住的庭院可谓是情有独钟，且不管是院子大、院子小，有街坊没街坊，都不在话下，因为在他们看来，庭院不是菜田，不是果园，更不是庄稼地，而是人们生活居住的地方。尤其又是北京这座文化古城，庭院里的一砖一瓦，一草一木，无不散发着挥之不去的文化元素。

　　正如杨乃济先生所描述的那样："作为住宅的四合院，如果仅是一进进空荡荡的院落，那就不成其为庭院了。这里，有的是精心培植的观赏树木，丁香、海棠、迎春、紫荆……有盆栽的水生植物，荷花、睡莲、西河柳……还有构荫的花架与天棚，既能观赏又能调节小气候的金鱼缸和点景的湖石,应时的花盆、盆景。而花草引来了蜂蝶,树木招致了蝉鸣,燕雀也飞来落户了。"(《吃喝玩乐》,杨乃济,中国旅游出版社)

文章里反复出现的一个词——"观赏",那才称得上是一种美的享受。可是要真能够体会,其自身还得有相应的文化素养。

在我小时候,或是说,我还住在那种环境的庭院里的时候,只是一个孩童,最关心的,莫过于吃和玩。

写点儿什么,尤其是自己经历的往事,或是没有经历,听来的、看来的,最要紧的,还是印象深刻、记忆清晰。我想,若是写庭院里的诗情画意,还得请对这些有所理解,并记忆犹新的人去写吧。我只有尽己所能,奉献这么一本小书,只是,奉献得太少了。

吃主儿二编

2010 年 1 月

2014 年 8 月重订